남극생물학자의 연구노트 03

사소하지만 중요한

남극이 품은
작은 식물 이야기

The Story of Antarctic Plants

남극생물학자의 **연구노트** 시리즈는 극지과학의 대중화를 위하여 극지연구소에서 기획하였습니다. 극지연구소Korea Polar Research Institute, KOPRI는 우리나라 유일의 극지 연구 전문기관으로, 남극의 '세종과학기지'와 '장보고과학기지', 북극의 '다산과학기지', 쇄빙연구선 '아라온'을 운영하면서 극지 기후와 해양, 지질 환경 그리고 야생동물들과 생태계를 연구하고 있습니다. 또한 극지 관련 국제기구에서 우리나라를 대표하여 활동하고 있습니다.

사소하지만 중요한

남극이 품은 작은 식물 이야기

The Story of Antarctic Plants

김지희 지음

GEO BOOK 지오북

머리말

    극지연구소의 연구자를 포함하여 여러 대학이나 협동 연구기관의 과학자들은 남극의 육상에서 지의류나 이끼, 또는 이들 생물과 연관된 원생생물, 미생물이나 곰팡이 등등을 대상으로 연구한다. 이들은 남극 육상 생물의 분류나 생태학은 물론 독특한 생리작용이나 거기에 관여하는 특유의 유전자들을 찾는다. 모든 연구의 출발은 대상 생물의 이름(실체)과 '삶의 꼴(생태)'을 아는 것이라 여긴다. 필자가 속한 연구팀에게 '남극 식물 도감'과 '남극지의류 도감'을 만들어 달라는 요구도 있었고, 다른 분야 박사님들과 '남극생물 도감 시리즈'를 함께 만들어보자는 구상도 있었던 터라 담당부서와 함께 의기투합하여 도감 시리즈를 기획했다. 하지만 연구소에서는 연구자를 위한 책보다는 남극생물에 관심이 있는 학생과 일반 대중들에게 친숙하게 다가갈 수 있는 책으로, 연구현장이야기를 담은 남극생물 이야기들을 써보라고 제안했다. 현장이야기 중심의 책을 써본 경험은 없었지만 괜찮은 시도라고 생각하고 다른 박사님들과 함께 분야별로 주제를 뽑았다. 이렇게 해서 「남극생물학자의 연구노트」 시리즈 제3편 『사소하지만 중요한 남극이 품은 작은 식물 이야기』를 쓰게 되었다.

    나름의 계획으로는 2019년 2월과 3월 출장기간 동안 남극 장보고

장보고기지와 필자 ⓒ지건화

석이지의를 보고있는 필자 ⓒ노태호

남극의 하늘과 조사에 나서는 필자 ⓒ지건화

기지에서 밤 시간을 활용해 초고를 마무리해 오는 것이었다. 아무래도 국내에서는 여러 가지 업무와 회의로 시간 내기가 어렵기에 그런 야무진 계획을 세웠다. 하지만 모든 일이 항상 계획대로 되는 것은 아니다. 기지에 도착한지 얼마 되지 않아 남극환경보호위원회 위원장으로부터 메일을 받았다. 남극에서 제일 큰 기지인 미국 맥머도기지 현대화(일부 재건축)를 위해 작성된 포괄적 환경영향평가서를 검토할 검토 위원회의 위원장을 맡아달라는 것이다. 잠시 고민 끝에 연구소와 우리나라의 체면이 달린 문제라는 생각이 들어 흔쾌히 승낙하고 나니 남극에서의 밤 시간은 오로지 거기에 매달릴 수밖에 없었다.

귀국 후에도 시간을 내지 못해 결국 출판사로부터의 연락이 두려워지기 시작했다. 역시 발등에 불이 떨어지니 속도가 났다. 남편과 우스갯소리로 '김 작가의 이중생활'이라고 이름 붙인 밤 시간대 글쓰기가 시작되었다. 이번 시리즈는 가능한 쉬운 설명에 사진을 많이 곁들이자고 하는데, 막상 찾아보니 직접 찍은 사진이 별로 없었다. 게으른 탓도 있겠지만 현장에서 조사하다보면 다양한 사진을 남길 겨를이 없다. 다행히 함께 활동한 연구자분들과 월동대원, 안전요원, 다큐멘터리 감독님, 카메라 감독님 등이 제공해주신 좋은 사진들이 있어 보는 재미가 있는 책을 엮을 수 있었다. 진심으로 감사드린다. 혹시 비슷한 책을 준비하는 분이 계신다면 이야깃거리가 될 만한 상황에 휴대전화 사진이라도 한 장 꼭 남기시기 바란다.

해조류 분류를 전공한 나는 선태식물 분류 전문가도 아니고, 육상식물 전문가는 더더욱 아니다. 그렇지만 남극의 육상생태계를 연구하려면 이들에 대해 공부해야 한다. 남극의 식물들은 드물어서 그런지 호기심 있는 연구자를 모두 받아주는 것 같다. 대학원에서 분류학을 공부

할 때만 해도 참고문헌을 구하기도 어렵고 도서관을 통해 구한다 해도 시간이 상당히 오래 걸렸다. 하지만 요즘은 인터넷만 뒤져도 웬만한 전문 서적과 논문을 찾을 수 있다. 누구나 흥미와 열정, 노력만 있으면 전공자 못지않은 실력을 가질 수 있다. 예전엔 정보를 '가진 자'와 '못 가진 자'로 나뉘었다면 이제 정보는 '찾는 자'의 몫이다. 여러 연구논문과 관련 도서들 덕분에 전문가는 아니지만 내게 필요한 만큼의 공부는 할 수 있다. 미리 밝히지만 여기에서 다루는 남극식물과 육상생태계에 대한 이야기는 전문가를 위한 것이라기보다는 이제 막 남극에서의 연구 활동이나 남극육상 식물, 그리고 그 삶에 대한 흥미를 가지려고 하는 분들을 위한 것이다.

이야기를 전개하다보니 벌써 십 년에서 이십 년 가까이 된 일들이라 순서가 뒤바뀐 부분도 있을 것이다. 그렇지만 여기서 언급한 사건들은 모두 사실에 기반한 것이다. 지금이라도 머릿속의 기억들과 내 컴퓨터 구석에 박혀있던 수많은 폴더들을 열어볼 수 있는 기회를 주신 연구소 홍보실 식구들과 출판사 대표님께 감사드린다.

그리고 부족하지만 할 수만 있다면 남극대륙에 첫발을 디딜 수 있도록 초석이 돼 주신 고 전재규 대원께 이 책을 바치고 싶다.

다시 남극 장보고기지 출장을 사흘 앞두고

바톤반도 해변의 낮은 지형에는 황록색 이끼들이 카펫을 이룬다. ©윤영준

차례

제1부 혹독한 자연이 남극에 무늬를 만든다

제2부 남극에 이끼가 산다고 상상이나 해 봤니

제3부 추위를 동반자 삼아 살아가다

제4부 남극 어벤져스가 되는 길은 멀고 험하도다

남극 식물과 남극 육상생태계

● 어떤 식물이 남극에 살고 있을까?

남극대륙의 대부분은 빙하와 눈으로 뒤덮여 하얗게만 보인다. 그런데 남극대륙에도 약 2%의 노출된 땅에 식물이 살고 있다. 어떤 식물들이 살고 있을까? 현재까지 보고된 연구자료에 따르면 남극에는 2종의 현화식물(꽃피는 식물)과 선태식물(이끼식물) 100여 종 그리고 식물은 아니지만 남극 육상식생을 이루는 주요 구성원인 지의류 400여 종이 자라고 있다. 지은이와 함께 우리나라 남극과학자들이 밝혀낸 연구자료에 따르면 세종기지가 있는 킹조지섬 바톤반도 일대에도 현화식물 2종과 선태식물 34종, 지의류 105종이 자라고 있다.

● 어떻게 남극에 식물이 자리 잡았을까?

매우 오래된 지질시대에 남극대륙은 곤드와나 대륙의 일부였으며 한때는 무척 따뜻한 기후였다. 당시 남극대륙에는 다양한 겉씨식물과 양치식물들이 살고 있었다. 이후 대륙의 판이 서서히 이동해 남극대륙이 지구 남쪽 끝에 자리잡게 되었고, 빙하기와 간빙기를 거듭하며 하얀 빙원으로 바뀌게 되었다. 얼음으로 덮인 남극대륙에서 대부분의 식물들은 멸종하였다. 그러나 해안가의 노출지와 누나탁, 화산지대 등의 피난처에서 소수의 선태식물을 포함한 식물과 지의류들이 살아남았고, 이들은 마지막 빙하기 이후 유입된 종들과 더불어 현재의 남극 육상식생을 이루고 있다.

● 남극의 식물이 생태계에서는 어떤 역할을 할까?

남극의 식물은 지의류와 함께 남극 육상생태계를 이루는 주요 구성원이다. 이들은 빙하가 물러간 노출된 땅에 가장 먼저 개척자처럼 들어와 추위와 강한 바람, 자외선을 이기며 새로운 군락을 형성한다. 남극 식물은 얼마 되지 않은 육상의 무척추동물들(톡토기류, 진드기류, 곤충류)에게 먹이와 보금자리가 되어준다. 또한 새들에게는 둥지 재료를 제공하고 펭귄을 비롯한 새들과 포유류의 배설물로부터 유기물을 얻어 남극의 육상생태계를 비옥하게 만든다. 남극 육상에서 물질 순환은 매우 느리게 진행되지만 남극생물들은 끊임없이 서로의 삶에 더 나은 환경을 제공하고 있다.

● 기후변화로 인한 영향은 없을까?

남극에서 기후변화의 영향이 가장 급격하게 나타나고 있는 곳은 남극반도와 주변의 섬들이다. 이곳의 여름 기온이 상승하면서 남극 고유의 현화식물인 남극개미자리와 남극좀새풀의 분포지역이 확장되고 있으며 점차 남하하고 있다. 또한 최근에는 연구활동과 관광 등의 증가로 남극을 방문하는 사람들과 화물의 이동량이 많아지면서 이들과 함께 유입되고 있는 외래식물들이 남극 고유의 육상생태계를 위협하고 있다.

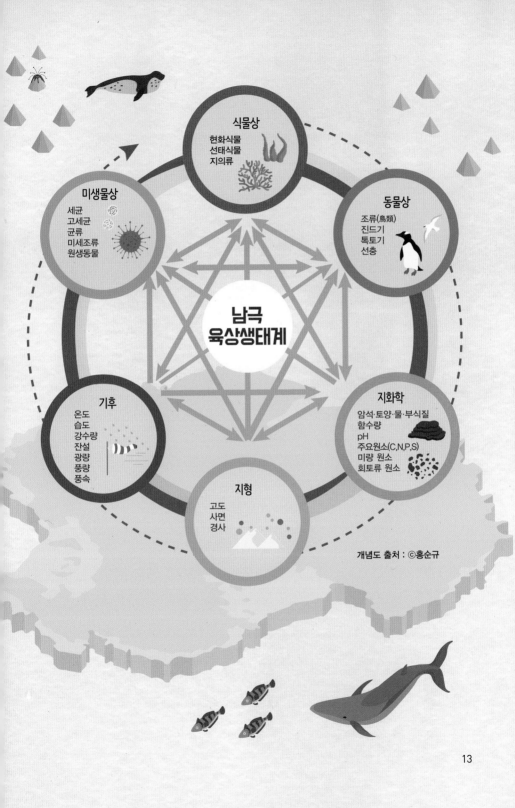

남극 육상생태계

식물상
현화식물
선태식물
지의류

동물상
조류(鳥類)
진드기
톡토기
선충

미생물상
세균
고세균
균류
미세조류
원생동물

기후
온도
습도
강수량
잔설
광량
풍량
풍속

지형
고도
사면
경사

지화학
암석·토양·물·부식질
함수량
pH
주요원소(C,N,P,S)
미량 원소
회토류 원소

개념도 출처 : ⓒ홍순규

지구역사와 남극대륙의 식생변화

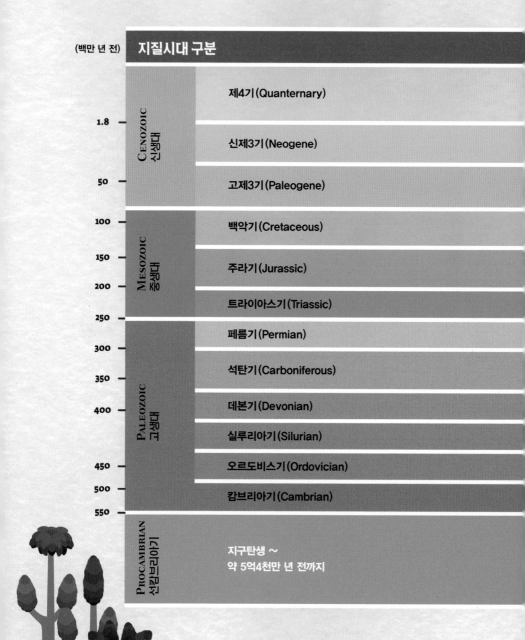

(백만 년 전)	지질시대 구분	
	CENOZOIC 신생대	제4기 (Quanternary)
1.8		신제3기 (Neogene)
50		고제3기 (Paleogene)
100	MESOZOIC 중생대	백악기 (Cretaceous)
150		주라기 (Jurassic)
200		트라이아스기 (Triassic)
250		
300	PALEOZOIC 고생대	페름기 (Permian)
350		석탄기 (Carboniferous)
400		데본기 (Devonian)
		실루리아기 (Silurian)
450		오르도비스기 (Ordovician)
500		캄브리아기 (Cambrian)
550		
	PROCAMBRIAN 선캄브리아기	지구탄생 ~ 약 5억4천만 년 전까지

식물의 출현과 남극식생의 변화	원시대륙과 남극대륙의 변화
남극너도밤나무(Nothofagus)을 포함한 현화식물과 선태식물 대부분이 남극지역에서 사라짐	플라이스토세 빙하기(최대빙하기)이후 현재는 간빙기로 98%가 빙상으로 덮여있음
남극대륙에서 교목이 사라지고 툰드라 유사 식생 출현(미오세)	남극대륙 현재의 위치로 이동, 동남극 빙상 완성
현화식물 번성	대륙이동 지속, 남아메리카와 남극대륙 분리 동남극 빙상형성 시작(에오세~올리고세)
현화(속씨)식물(angiosperm) 출현(약 1억3천만 년 전), 종자고사리 쇠퇴	곤드와나 대륙 분리
침엽수(conifer) 번성	판게아 초대륙에서 로라시아와 곤드와나 대륙 분리
소철(cycad) 출현	판게아 초대륙
종자고사리 번성, 페름기 대멸종	판게아 초대륙
겉씨식물 출현, 종자고사리, 나무고사리 번성	곤드와나 초대륙과 유로아메리카가 판게아 초대륙 형성
관속식물 출현(약 4억1천만 년 전)	곤드와나 초대륙 형성
육상식물 출현, 선태식물 출현? 지의류 출현?	
해조류 번성, 오존층 형성	
캄브리아 대발생	
생명 탄생, 광합성 시작, 지의류 유사생물 출현?	곤드와나 초대륙 형성(약 5억5천만 년 전)

남극 바톤반도 펭귄마을 주변의 식생도

R

0   150   300   600 m

WGS 1984 UTM Zone 21S

(출처: ATCM XLII Measure 8(2019), Map 4)

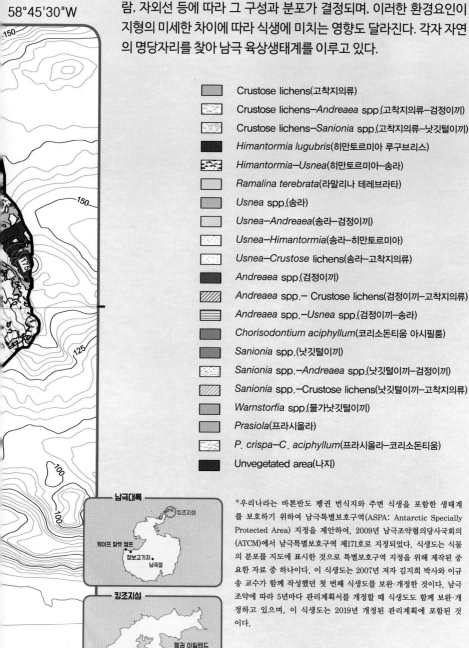

58°45'30"W

세종기지가 위치한 바톤반도의 펭귄 번식지와 주변 생태계를 보호하기 위하여 작성된 주요 식생의 분포도이다. 각 지역에 우점하는 선태식물과 지의류 군락을 지도에 표시하였다. 남극의 식생은 수분, 기온, 바람, 자외선 등에 따라 그 구성과 분포가 결정되며, 이러한 환경요인이 지형의 미세한 차이에 따라 식생에 미치는 영향도 달라진다. 각자 자연의 명당자리를 찾아 남극 육상생태계를 이루고 있다.

- Crustose lichens(고착지의류)
- Crustose lichens–*Andreaea* spp.(고착지의류–검정이끼)
- Crustose lichens–*Sanionia* spp.(고착지의류–낫깃털이끼)
- *Himantormia lugubris*(히만토르미아 루구브리스)
- *Himantormia–Usnea*(히만토르미아–송라)
- *Ramalina terebrata*(라말리나 테레브라타)
- *Usnea* spp.(송라)
- *Usnea–Andreaea*(송라–검정이끼)
- *Usnea–Himantormia*(송라–히만토르미아)
- *Usnea–Crustose* lichens(송라–고착지의류)
- *Andreaea* spp.(검정이끼)
- *Andreaea* spp.– Crustose lichens(검정이끼–고착지의류)
- *Andreaea* spp.–*Usnea* spp.(검정이끼–송라)
- *Chorisodontium aciphyllum*(코리소돈티움 아시필룸)
- *Sanionia* spp.(낫깃털이끼)
- *Sanionia* spp.–*Andreaea* spp.(낫깃털이끼–검정이끼)
- *Sanionia* spp.–Crustose lichens(낫깃털이끼–고착지의류)
- *Warnstorfia* spp.(물가낫깃털이끼)
- *Prasiola*(프라시올라)
- *P. crispa–C. aciphyllum*(프라시올라–코리소돈티움)
- Unvegetated area(나지)

남극대륙

킹조지섬
케이프 할렛 캠프
장보고기지·
남극점

킹조지섬
펭귄 아일랜드
바톤반도
세종기지

*우리나라는 바톤반도 펭귄 번식지와 주변 식생을 포함한 생태계를 보호하기 위하여 남극특별보호구역(ASPA: Antarctic Specially Protected Area) 지정을 제안하여, 2009년 남극조약협의당사국회의(ATCM)에서 남극특별보호구역 제171호로 지정되었다. 식생도는 식물의 분포를 지도에 표시한 것으로 특별보호구역 지정을 위해 제작된 중요한 자료 중 하나이다. 이 식생도는 2007년 저자 김지희 박사와 이규송 교수가 함께 작성했던 첫 번째 식생도를 보완·개정한 것이다. 남극조약에 따라 5년마다 관리계획서를 개정할 때 식생도도 함께 보완·개정하고 있으며, 이 식생도는 2019년 개정된 관리계획에 포함된 것이다.

17

선태식물이란?

선태식물(Bryophyta)은 이끼류를 말하며 크게 선류(이끼류), 태류(우산이끼류와 비늘이끼류), 각태류(뿔이끼류)를 포함한다. 전 세계적으로 14,000~16,000종이 분포하는 것으로 알려져 있다. 남극에는 선류 약 110종, 태류 27종이 서식하는 것으로 알려져 있으며, 뿔이끼류는 아직까지 발견되지 않았다(Ochyra et al 2000, 2008).

선태식물은 관속식물과 달리 물관과 체관으로 구성된 관다발이 없기 때문에 진정한 의미의 잎과 줄기로 분화되어 있지 않으며, 뿌리도 헛뿌리라 한다. 하지만 선태식물을 표현할 때 편의상 잎과 줄기라는 용어를 사용하고 있다. 선류와 태류 중 비늘이끼류는 잎과 줄기가 분화된 경엽체를 이루지만, 우산이끼류와 뿔이끼류는 잎과 줄기가 분화되지 않은 엽상체를 이룬다.

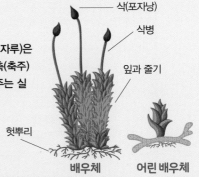

선류: 잎은 잎맥이 있고 삭(포자낭)과 삭병(포자낭 자루)은 오래 유지된다. 포자낭 내에는 중심에 발달된 긴 축(축주)과 기공이 있고, 습도의 차이에 따라 포자를 튕겨주는 실 모양의 나선형 구조인 탄사는 없다.

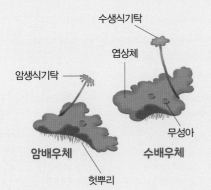

태류: 잎은 잎맥이 없고, 세포 내에 공기가 들어있는 기실(air chamber)과 기름으로 된 유체(oil body)가 발달한다. 삭과 삭병은 2~3일 후 녹아내린다. 삭에는 기공과 축주가 없고 탄사가 있다.

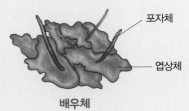

각태류: 우산이끼류(태류)에 비해 엽상체 조직의 발달이 덜하다. 유체와 삭을 보호하는 화피가 없다. 삭병이 없고 삭에는 기공이 있고 엽록체가 있어 녹색을 띤다.

숫자로 보는 남극 식생의 특징

2%
남극대륙의 약 2%의 노출된 땅에 식물이 살고 있다.

제4기
신생대 제4기에 플라이스토세 빙하기 이후에 남극너도밤나무를 비롯한 현화식물과 선태식물 대부분이 사라졌다.

10cm
남극의 식물은 10cm 미만으로 키가 작고 잎은 두껍고 짧다.

20시간
남극의 식물은 여름철에는 하루 20시간에 가까운 시간동안 강한 자외선을 받을 때가 많다.

5~10월
겨울철인 5월에서 10월까지는 햇빛이 거의 없고 기온은 영하로 대부분 식생은 눈에 덮여있다.

400여 종
남극에는 400여 종의 지의류가 자라고 있다.

105종
세종기지가 있는 킹조지섬 바톤반도에는 105종의 지의류가 자란다.

137여 종
남극에는 137여 종의 선태식물이 자라고 있다

110종
남극에는 선류 110종이 자란다.

27종
남극에는 태류 27종이 자란다.

9.9%
남극 고유종 선태식물은 9.9%로 11종이다.

50종
남극과 북극에 공통적으로 분포하는 선태식물은 50종이다.

34종
세종기지가 있는 킹조지섬 바톤반도에는 34종의 선태식물이 자란다.

2종
꽃피는 식물은 2종류로 남극좀새풀과 남극개미자리가 자라고 있다.

-10.4°
저온순화된 남극좀새풀은 영하 10.4도가 되어야 체액내에서 얼음 결정이 생겼다.

3,000만년~500만년 전
남극좀새풀과 남극개미자리는 3,000만년~500만년 전부터 남극에 적응한 고유종이다.

2~3mm
남극개미자리의 꽃의 크기는 2~3mm 이다.

지의류의 생활사와 형태

바위나 나무줄기에 버짐같이 껍질이 일어난 것처럼 보이거나 솜뭉치나 철사뭉치 같은 것이 붙어 있는 경우가 있다. 이끼나 버섯을 닮은 듯도 하지만 전혀 다른 지의류라는 생물체이다. 지의류는 두 개 이상의 생명체-균류(균체)와 광합성자(조류)로 이루어진 작은 생태계이다. 광합성자는 녹조류와 시아노박테리아가 있으며 각각 다른 지의체를 형성하기도 하고 하나의 지의체에서 나타나기도 한다.

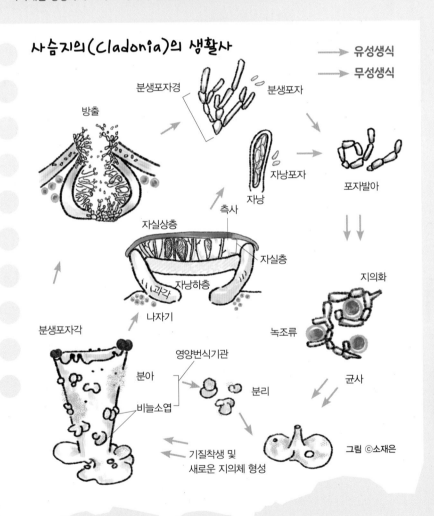

형태로 구분한 지의류

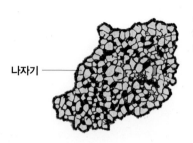

고착지의(가상지의)
지의체 아랫면 전체를
이용해 기물에 밀착한다.

나자기

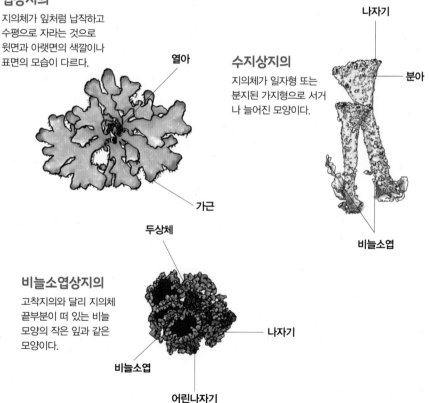

엽상지의
지의체가 잎처럼 납작하고
수평으로 자라는 것으로
윗면과 아랫면의 색깔이나
표면의 모습이 다르다.

열아

가근

수지상지의
지의체가 일자형 또는
분지된 가지형으로 서거
나 늘어진 모양이다.

나자기

분아

비늘소엽

두상체

비늘소엽상지의
고착지의와 달리 지의체
끝부분이 떠 있는 비늘
모양의 작은 잎과 같은
모양이다.

나자기

비늘소엽

어린나자기

그림 ⓒ소재은

21

제1부

혹독한 자연이 남극에 무늬를 만든다

남극도 한때는 더웠다고 합니다

남극대륙은 백색대륙이라 불린다. 대륙 전체의 98%가 얼음으로 덮여있기 때문이다. 현재 남극대륙은 나머지 2%의 노출된 땅에 육상생물들이 살고 있다. 남극에는 우리가 잘 아는 남극 대표 동물인 펭귄을 비롯해 바닷새들과 남극털가죽물개나 코끼리물범 같은 포유류가 살고 있다. 그밖에 육상에서 눈에 띄는 생물은 이끼류와 지의류가 거의 전부다.

잘 알려진 사실이지만 남극대륙은 아주 오래전에는 지금처럼 얼음으로 덮인 백색대륙이 아니었다. 지구 나이가 44억 살쯤 되었을 무렵, 그러니까 지금으로부터 약 2억 년 전쯤인 중생대 트라이아스기에서 주라기 시대만 해도 판게아 초대륙에 속해 있었다. 중생대 백악기 말기에 판게아는 로라시아와 곤드와나로 분리되었으며 곤드와나는 현재의 아프리카, 남아메리카, 인도, 호주, 남극대륙이 한 덩어리를 이루고 있었다. 이 시기에는 남극대륙에도 공룡을 비롯한 다양한 동물들이 살았다. 나무고사리들이 울창한 숲을 이루었고, 꽃이 피는 현화식물들도 등장했다. 이렇게 남극대륙은 매우 긴 기간 동안 다양한 식물과 동물들로 이루어진 풍부한 생태계를 유지하면서 생물지리학적으로 현재 남반구 대륙들의 중심적인 역할을 했다(Cantrill and Poole, 2012).

공룡이 살던 남극은 얼음의 땅이 아니었어요.

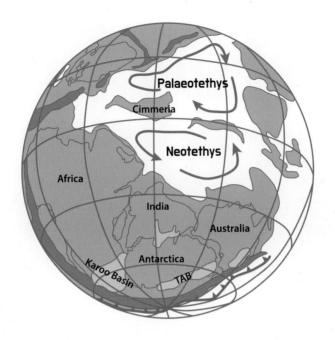

중생대 트라이아스기 초기(약 2억 4,500만 년 전) 지구 대륙과 대양(테티스 해)의 형성 과정을 나타낸 그림이다(Cantrill and Poole, 2012.).

이러한 사실들은 남극대륙과 주변 대륙들의 다양한 시대 지층에서 발견되고 있는 동식물 화석들로부터 확인된다. 현재의 남극점에서 약 2,500km 떨어진 서남극 남극반도 옆에 위치한 알렉산더 섬은 1억 년 전에는 열대기후였다(Francis et al., 2008). 남극대륙이 점차 남극점을 향해 이동하여 대륙의 가장자리가 남위 90°에 도착했을 당시에도 남극은 아열대기후를 만끽했다. 이즈음 북반구에서는 그 유명한 육식 공룡 티라노사우루스가 활개치고 있었을 것이다.

남극대륙이 지금과 같이 추워진 원인에 대해서는 아직 정확한 인과관계가 밝혀지지 않았다. 추정되는 것으로는 우선 대륙의 고위도 이동

화석 기록들을 조합하여 재현한 1억 년 전 백악기 남극반도 서쪽 알렉산더 섬의 풍경을 그린 상상도다(Francis et al., 2008).

을 들 수 있다. 또 대륙들 사이가 벌어지면서 세계에서 가장 큰 해류인 남극순환류가 생겨남으로써 남극을 더욱 고립시켰을 것이다. 이와 함께 지구 대기 중 이산화탄소 농도가 갑작스럽게 감소하여 지구 전체 기온이 하강한 사건들이 거론되고 있다. 하지만 더 많은 연구를 통한 증거들이 필요하다. 현재까지 얻어진 심부 빙하 코어와 남극 주변의 퇴적물 코어로부터 얻은 증거들과 화석들을 종합하여 남극 빙상(ice sheet) 발달 역사의 퍼즐을 맞춰가고 있지만, 아직까지 완벽하지는 않다. 빙상은 대륙을 덮고 있는 얼음판으로 가장자리에서 바다로 흐르는 빙하가 되며, 빙하가 바다로 떨어져 나가 빙산이 된다.

신생대 에오세와 올리고세 사이(약 3,400만 년 전)에 동남극에 빙상이 형성되기 시작했다. 이후 신생대 미오세 초기(약 2,000만 년 전)

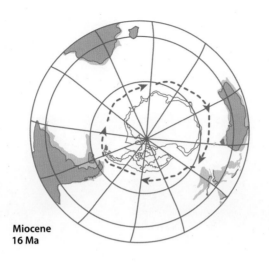

**Miocene
16 Ma**

신생대 미오세(1,600만 년 전) 동안 남극대륙이 고대 해류에 의해 고립되고 있는 것을 나타낸 그림이다. 점선으로 된 화살표가 고대 해류의 흐름이다(Cantrill and Poole, 2012).

에는 큰 나무들이 자라는 숲을 대신하여 관목, 초본식물, 이끼류로 이루어진 지금의 툰드라와 유사한 식생이 나타났다(Cantrill and Poole, 2012). 동남극 빙상이 근본적으로 완성된 시기는 약 1,500만 년 전에서 1,000만 년 전 사이이며, 몇 번의 융해와 재형성 과정을 거친 것으로 보인다. 또한 초목으로 우거진 숲이 툰드라 식생으로 바뀌면서 반사계수가 커져, 즉 태양광을 반사하는 양이 많아져 남극대륙의 기온은 더욱 내려갔다(Thorn and DeConto, 2006). 남극반도 피난처에서 끝까지 살아남았던 남극너도밤나무(Antarctic beech)라고 불리는 노토파구스속(*Nothofagus*) 식물은 남극에서 그때쯤 멸종된 것으로 보인다. 신생대 제4기 플라이오세 후기 이후에는 그 흔적을 더 이상 찾아볼 수 없었다. 남극대륙에서 기원한 노토파구스속 식물이 지금은 뉴질랜드, 호주,

1 세종기지 주변에서 발견된 나뭇잎 화석이다. 노란색 화살표로 표시된 부분을 보면 잎이 완벽하게 남아있지는 않지만 잎맥 흔적이 뚜렷하다.

2 동남극에 위치한 장보고기지에서 약 70km 떨어진 샤퍼 피크(Shafer Peak)의 샤퍼 피크 층에서 찾은 전기 주라기 화석이다. 오토자미테스속(*Otozamites*) 베네티탈레스목(Bennettitales)에 속하는 것으로 지금은 멸종하여 살아있는 것을 볼 수 없다. ⓒ박태윤

3 남극 장보고기지에서 약 50km 떨어진 스키너 능선(Skinner Ridge)의 섹션 피크(Section Peak) 층에 박혀있는 중생대 트라이아스기의 나무화석이다. 화석 아래 작은 표지판은 '남극 지질 기념물(Antarctic Geological Monument)' 표지로 이탈리아 남극연구프로그램(PNRA)이 제안하여 지정되었다. ⓒ박태윤

남아메리카 남부에서 약 35종이 자생하고 있다. 남극이 곤드와나 대륙의 중심에 위치할 무렵 주변 대륙으로 퍼져나간 것으로 보인다.

현재 남극대륙의 지형은 신생대 제4기 최대 빙하기 이후 형성되었다. 빙하의 움직임과 융해로 인한 퇴적물, 강한 바람으로 인한 고운 입자의 재배치로 만들어졌다. 빙상에서 뾰족 튀어나온 암반으로 이루어진 누나탁(nunatak)과 화산지대 같은 몇 개의 피난처에서 살아남은 생물들이 남극 지역의 주요 식생을 이룬다. 남극해로 인해 주변 지역에서 남극대륙으로 종 유입이 철저하게 제한되었기 때문이다. 현재 남극 지역의 식생은 외떡잎식물과 쌍떡잎식물 각 한 종씩과 110여 종의 이끼(선류)와 27종의 태류(우산이끼류, 비늘이끼류), 약 380종의 지의류로 구성되어 있다(Ochyra et al., 2000; Østedel and Lewis-Smith, 2001; Ochyra et al., 2008). 이 가운데 현화식물 두 종과 대부분의 지의류들은 혹독한 환경 속에서 살아남은 종들이다. 이끼류들은 대부분 마지막 빙하기 이후에 이주해 온 것으로 보인다(Robinson, 1972).

오호!
남극대륙에도
나무가 살았다니!

저마다 자기만의 명당자리를 찾는다

세종기지 주변의 육상생태계에서 가장 눈에 띄는 생물들은 이끼와 지의류다. 여기에 남극좀새풀과 남극개미자리가 해안가에 흩어져 있다. 이 두 종의 초본식물과 이끼는 식물이지만, 지의류는 엄밀히 말하면 식물이라고 단정하기 어렵다. 지의류는 광합성 조류 또는 시아노박테리아, 자낭균류 등 균류가 공생하는 공생체다. 그렇지만 지의류는 남극의 식생에서 주요 부분을 차지하기 때문에 남극 육상 식생(terrestrial vegetation)을 다룰 때 꼭 포함되고 식물의 범주에 넣어 표현하기도 한다.

남극의 기후변화와 남극 육상 식생의 관련성에 대한 연구는 남극 연구를 위해 세종기지에 들어간 첫 해부터 시작되었다. 세종기지 경험이 많으신 정호성 박사님의 관심 분야이기도 했다. 당시만 해도 일반인들에게는 '기후변화'가 크게 와 닿지 않았지만, 과학계에서는 이미 뜨거운 화두가 되어 있었다. 전 지구 차원의 기후변화 문제는 지난 50여 년간 나타난 기온 상승, 특히 인류 문명으로 인한 온실효과로 인해 세계적인 관심과 우려의 중심으로 떠올랐다. 급기야 1988년 세계기상기구(WMO)와 유엔환경계획(UNEP)이 '기후변화에 관한 정부간 패널(IPCC)'을 설립하기에 이르렀다. 이후 IPCC에서 내놓은 평가보고서에서는 "육상 빙하가 상당히 줄어들 것이며, 지역에 따라 빙하와 관련된 생태계에 심각한 영향을 미칠 수 있다"고 지적하고 있다. 물론 여기에

IPCC의 첫 번째 기후변화 보고서와 1992년의 평가서를 수록한 「1992년의 기후변화 보고서」
표지

는 식수 등을 빙하에 의존하는 인간도 포함된다(IPCC, 1992)

　기후변화에 따라 남극 육상생태계가 어떤 영향을 받고 어떻게 변할
지 밝히려면 먼저 현재 상태에 대한 연구가 필요하다. 연구팀은 세종기
지를 본거지로 어떤 생물이 어디에 얼마만큼 분포하고 있는지 매일 조
금씩 영역을 넓혀가며 조사했다. 기록용 카메라, 확대 복사한 지도, 식
물 군락 표본을 조사하기 위한 방형구, 위치를 찍어줄 GPS와 연필 두 자
루를 꺼내기 좋게 여기저기 주머니와 엇갈려 맨 가방에 담고 나선다. 연
필을 두 자루 준비하는 건 필수인데, 심이 부러지거나 떨어뜨려 잃어버
릴 것을 대비한 것이다.

　먼저 눈으로 구분되는 가장 많이 자라고 있는 우점종을 기준으로 경

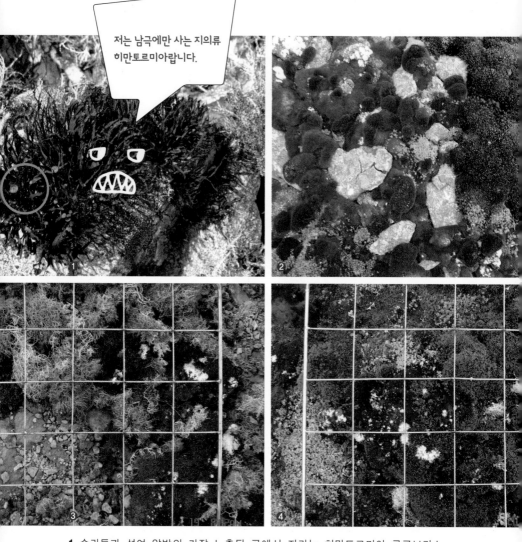

1 송라들과 섞여 암반의 가장 노출된 곳에서 자라는 히만토르미아 루구브리스 (*Himantormia lugubris*). 사진 속에 원으로 표시한 접시 모양의 진한 갈색 부분이 자낭반 (apothecia)이다. 여기에 번식에 필요한 자낭포자가 들어있다.

2 미세 환경 조건에 따라 오밀조밀 자기 자리를 차지하고 있는 지의류와 이끼들

3~4 남극송라(*Usnea antarctica*)가 우점하고 낫깃털이끼(*Sanionia uncinata*)가 다음으로 많은 방형구(3)와 녹색의 곧은솔이끼(*Polytrichum strictum*)가 우점종이다(4). 하지만 방형구 안에는 연분홍색 지의류(*Stereocaulon alpinum*)와 검은색 비늘이끼류 등 다양한 종이 섞여 있는 복잡한 구조를 보인다(4).

계를 구분하여 지도에 옮겨 그린다. 이때 GPS 좌표를 군데군데 기록하여 나중에 지도에서 맞춰본다. 습기가 많고 고도가 낮은 지역에서는 대부분 초록색 이끼가 많이 자란다. 조금 건조하고 높은 곳에서 자라는 이끼는 흑갈색에서 검은색을 띠는 검정이끼속 종들이다. 좀 더 배수가 잘되고 빛이 좋은 암반이나 자갈 위에는 대표적인 지의류인 송라속(*Usnea*)과 남극 고유종인 히만토르미아(*Himantormia lugubris*)가 주로 자라고 있다.

세종기지를 중심에 두고 반경 300~400m 남짓한 넓지 않은 면적이었지만, 예상했던 것보다 복잡한 지형인데다 식생도 복잡하게 분포했다. 연구팀은 2002/2003년과 2003/2004년 두 해의 남극 여름 동안 조사를 진행해야 했다. 눈으로 식생을 구분하여 56개 지역으로 나눈 다음 각 지역에서 280개의 방형구 조사를 진행했다. 방형구 안에 어떤 종이 얼마나 있는지는 현장에서 찍어온 사진들을 분석했고, 그 결과를 정리하여 논문도 발표했다(Kim et al., 2006). 이후 10년이 지난 2016년에는 후배 연구자들의 노력으로 드디어 남극반도 킹조지섬의 바톤반도 전체에 대한 식생분포도가 완성되었다. 관련 논문도 곧 발표할 예정이다.

34쪽의 알록달록한 식생도는 우점종 또는 우점종들을 대표로 정하여 그들의 분포를 나타낸다. 식생도에서 보이는 다양한 모양의 평면 안에는 가장 많은 공간을 점유하고 있는 남극송라 또는 낫깃털이끼와 같은 우점종들 사이를 비집고 다른 종의 이끼와 지의류가 살고 있다. 이끼들은 가근을 내리고, 지의류들은 균사로 만든 여러 기관을 내거나 특별한 기관 없이 들러붙어 자란다.

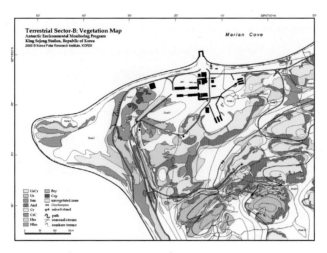

2006년 논문으로 발표한 세종기지 주변의 식생분포도. 검은색 사각형들은 세종기지의 시설들이다. 연못 주변의 녹색은 낫깃털이끼가 우점하는 지역이고, 노란색은 두 종의 송라속(*Usnea*)이 우점하는 지역, 그 주변의 분홍색은 흑갈색을 띤 검정이끼속(*Andreaea*)의 우점지역이다(Kim et al., 2006).

남극과 같은 동토 지역에서는 액체 상태의 물을 얼마나 사용할 수 있는지에 따라 식생의 구성과 식생의 확장과 축소, 즉 식생분포가 결정된다. 남극의 기후 특징인 강한 자외선, 저온, 강한 바람 또한 식생분포에 중요한 요소다. 이러한 요소들은 그곳의 미세한 지형 차이에 따라 거기에 살고 있는 식물들에게 조금씩 다르게 영향을 줄 수 있다. 세종기지의 기상 탑에서 관측되는 기상이나 일반적인 기후 조건보다는 미기후 조건이 더 중요하다. 미기후가 이끼류와 지의류의 생육에 직접적인 영향을 주고 그들이 이루는 식생분포를 결정한다. 하나의 바위에 여러 종들이 사이좋게 저마다 적당한 자리를 차지하고 자라는 것은 바로 자연이 그들에게 만들어준 명당자리가 있기 때문일 것이다.

능선 지대에서 약간 오목한 지형에는 수분이 오래 머물러 있어
검정이끼속의 흑갈색 이끼들이 자라고 있다.
조금 볼록한 곳에는 푸르스름한 연노랑을 띤
남극송라들이 구분되어 자란다.

바람에 실려 오고, 새들이 물어 오고

　세종기지가 위치한 해양성 남극 지역에 풍부하게 자라고 있는 이끼는 마지막 빙하기 이후에 다른 대륙에서 이주해 온 것으로 알려져 있다(Robinson, 1972). 그렇지만 남극의 일부 이끼들은 빙하기 이전에 살고 있던 종들이 살아남아 진화해왔다는 견해도 있다. 그러나 현재까지 보고된 남극의 이끼류 약 110종 가운데 절반가량인 50종이 양극 지방에서 자라고 있다. 남극 고유종으로 알려진 이끼는 9.9%에 해당하는 11종뿐이다. 이러한 사실을 보면 남극 이끼 대부분이 남극 외부, 그것도 북극 지방에서 유래했다는 이야기다(Ochyra et al, 2008). 그러면 지구 반대편의 이끼들이 어떻게 남극에 왔을까? 바람에 의해 날려간 포자나 식물체 조각이 대륙의 고산지대를 징검다리 삼아 건너왔다는 가설이 받아들여지고 있다. 남반구와 남극 지역에 분포하는 종들은 바람과 철새들에 의해 옮겨졌을 가능성이 높다(Kappen and Straka, 1988).

　남극의 육상 빙하가 후퇴하고 황량하게 드러난 노출지에 어디서 어떻게 왔는지 모를 식생이 형성되고 있다. 포케이드 빙하(Forcade Glacier)가 지난 30년간 해안으로부터 약 200~300m나 후퇴했다. 극지연구소 북극해빙예측사업단에서 입수하여 분석한 1989년 위성사진과 이후 여러 해 동안의 위성자료를 분석한 결과, 약 9만 6,000m²의 면적이 새로이 노출되었다(Lee et al., 2017). 포케이드 빙하는 세종기지가 위치한 바톤반도와 아르헨티나 깔리니(Carlini)기지가 위치한 포터

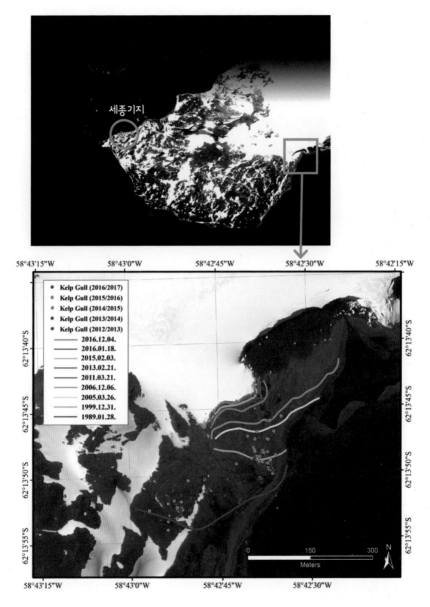

바톤반도 포케이드 빙하 후퇴와 함께 새로이 형성된 남방큰재갈매기의 둥지 분포(Lee et al., 2017)

1 새로 노출되어 아무 것도 없는 돌밭에 둥지를 틀고 알을 품고 있는 남방큰재갈매기
ⓒ김정훈
2 부화한 남방큰재갈매기 새끼와 알

반도(Potter Peninsula)에 걸쳐있는 빙하다.

　남극의 생명체들은 이 기회를 놓치지 않는다. 노출된 지역에 둥지가 새롭게 들어오기 시작했다. 김정훈 박사 『사소하지만 중요한 남극동물의 사생활』에서 남방큰재갈매기(Kelp Gull)가 빙하 노출지에 둥지를 틀기 시작하였고, 연구팀이 2012/13년 여름부터 거의 매년 그 변화를 조사하고 있는 내용을 다룬 바 있다. 여기서 주목할 부분은 남방큰재갈매기의 둥지다. 식생이 비교적 풍부한 해양성 남극 지역에 서식하는 남방큰재갈매기와 도둑갈매기류는 주변에서 자라는 이끼와 현화식물, 지의류를 물어다 둥지를 짓는다. 이들은 배수가 잘되고 비교적 푹신푹신해 좋은 둥지 재료다. 이런 맘에 드는 재료가 없으면 상당히 먼 곳까지 날아가서 둥지 재료를 가져온다(Panikoza et al., 2018).

이끼와 남극송라로 만들어진 도둑갈매기 스쿠아의 둥지 ©김정훈

 남극에서 자라는 남극좀새풀이나 남극개미자리는 종자로, 이끼, 지의류는 포자로 번식하기도 하지만, 주로 식물체 조각이 떨어져 나가 적당한 곳에 뿌리나 가근을 내려 정착한다. 새들이 둥지 재료로 가져감으로써 강제 이주하게 되는 경우가 많다는 이야기다. 이주된 식물체들은 바닷새들이 배설물(구아노)로 제공해주는 질소비료의 혜택을 받으며 새로운 군락을 형성한다.

 어떠한 이유에서든 노출된 나지가 생기면 식생이 들어올 수 있는 여건이 만들어지면서 천천히 식생 천이가 시작된다. 남극에서는 노출지가 생기면 천이 초기 종인 검정이끼류나 바위에 검버섯처럼 앉은 고착지의류가 들어오기 시작한다. 수분의 공급에 따라 낫깃털이끼와 같이 카펫처럼 자라는 종들이 뒤따른다. 다음에는 그 위에 뿌리를 내리는 남극좀새풀이나 남극개미자리가 들어온다.

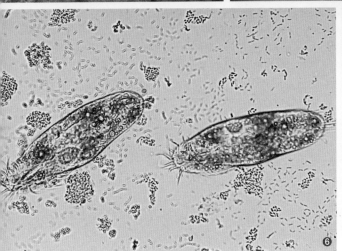
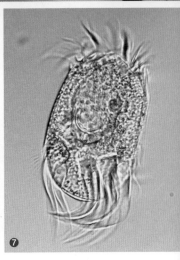

1 남극좀새풀(화살표)이 자라기 힘든 바위틈에서 싹을 틔워 잘 자라고 있다. 혹시 저 남극도둑갈매기가 운반책일지 모르겠다.

2~3 남방큰재갈매기가 좋아하는 삿갓조개 껍데기들이 흩어져 있다. 어디에서 왔는지 남극개미자리(2)와 남극좀새풀(3)이 자라고 있다.

4 낫깃털이끼 군락 위에서 풍성하게 자란 남극좀새풀. 두 종은 자주 이런 식으로 함께 자란다.

5 '스쿠아 킴'이라는 별명을 가진 김정훈 박사와 함께 버려진 스쿠아 둥지들을 가져다 둥지 재료의 조성과 생물량을 조사하고 있다. 사진을 찍은 감독은 '나물 다듬는 아낙네' 같다고 했다. 우리 연구팀이 사용했던 2006년 생물연구동은 컨테이너 건물로 내부가 좁고 복잡했지만, 2017년에 완공된 하계 연구동은 넓고 편리하고 조용하단다. ⓒ임완호

6~7 둥지 재료와 함께 이사 온 원생동물들. 왼쪽은 우로소모이다(*Urosomoida*)이고, 오른쪽은 우로니키아(*Uronychia*)다. ⓒ김상희

북극의 스발바르 제도 스피츠베르겐섬 니알슨의 낫깃털이끼 군락.
다산기지에서 그리 멀지 않은 곳에 있다. 남극 세종기지에서 볼 수
있는 낫깃털이끼 군락과 비슷하다. 낫깃털이끼는 우리나라에도
있지만 양극 지방에 넓은 군락을 이룬다.

그런데 남방큰재갈매기가 빙하가 후퇴한 허허벌판에 둥지를 만들게 되면 그곳의 식생 천이는 전혀 다른 방향으로 진행된다. 새의 둥지 재료로 유입된 식물들이 정착하며 유도되는 천이진행은 '가짜 천이(Pseudo-succession)'라고 하여 일반적인 빙하 후퇴 지역에서의 길고 긴 천이 과정과 구분한다(Boy et al., 2016). 또한 남방큰재갈매기는 둥지 재료인 식물체만 가져오는 것이 아니다. 거기에 서식하는 톡토기와 같은 무척추동물, 섬모충류와 같은 원생동물, 곰팡이, 박테리아 등 다양한 생물들을 함께 들여온다. 이로써 순식간에 이른바 '둥지 생태계'가 형성된다. 이러한 현상은 킹조지섬의 바톤반도만의 일이 아니다. 칠레, 러시아 등 여러 나라의 기지가 있는 필데스반도의 빙하 후퇴 지역, 그리고 남극반도 서쪽 남위 약 65°쯤에 위치한 알젠틴 제도(Argentine Islands) 등 여러 지역에서 보고되고 있다(Parnikoza et al., 2018).

남극 식생의 이주를 도와주는 이웃들이 있어 빙하 후퇴로 새롭게 형성된 지역의 식생 천이가 빨라지고 있다. 온난화로 인한 빙하 후퇴, 노출지 형성은 거기에 유입되는 식생을 확장시킨다. 그러면 빛의 흡수량이 증가되면서 해양성 남극 지역의 온난화가 더욱 가속화될 수 있다.

앗! 새들이 옮겨온 둥지 재료가 남극 식생에 큰 영향을 끼치는군요.

동토가 만든 땅 무늬, 구조토

　남극과 북극 또는 빙하가 있는 고산 지대의 동토 표면에는 마치 일부러 그린 듯한 무늬가 있다. 이 무늬는 평면에 그린 그림이라기보다는 어린아이들이 쌓은 모래성처럼 돌과 모래와 흙으로 된 구조들이 반복되는 형상이다. 둥근 것부터 다각형, 길쭉한 밭고랑 모양 등 다양하고 크기 또한 제각각이다. 어떤 경우는 그 모양이 너무 규칙적이고 넓은 지역에 퍼져 있어서 우리가 알지 못하는 문명의 유산처럼 여겨질 때도 있다. 실제로 화성의 극지방에서도 남극의 최대 사막인 드라이벨리(Dry Valley)에서 볼 수 있는 것과 비슷한 무늬가 관찰되었다(Sletten and Hallet, 2003).

　이런 무늬가 있는 땅을 구조토(patterned ground)라고 부른다. 사막이나 강 하구에는 바람이나 강물에 의해 지면에 무늬가 만들어지는 경우도 있고, 곤충들이 만들어놓은 무늬도 있다. 그리고 인류 문명에 의해 생겨난 지면의 규칙적인 무늬들, 예를 들면 논이나 밭, 파이프라인 등도 '구조토'라 할 수 있다(Harrison, 2004). 우리나라에서 자주 볼 수 있는 똑같이 생긴 아파트 같은 것도 말 그대로 패턴화된 지면, 즉 구조토라 할 수 있을지 모르겠다. 여기에서는 빙하 주변의 동토에 수분과 온도에 의해 물리적인 자연현상으로 생겨난 지면의 무늬에 관해서만 다룰 것이다.

　극지방의 구조토는 기온이 나름대로 올라가는 여름철에 생기는 현

북극 다산기지 주변에서 관찰되는 구조토. 사진의 중앙에 있는 나무로 된 방형구 바깥쪽(사진의 중간 아래 부분)에 구조토가 뚜렷이 보인다. 구조토의 가장자리에 키 작은 초본식물이 자라고 있다.

상이다. 동토의 표층에 있는 활동층(active layer)에서 어느 정도 깊이까지 지표면이 녹았다 얼었다를 반복하면서 생긴다. 흙이나 모래와 같은 작은 입자는 수분과 함께 가운데로 모여 올라오고, 크기가 큰 돌이나 자갈들은 옆으로 밀려나 둔덕을 만들며 반지 모양을 이루게 된다.

세종기지가 자리한 바톤반도에 얹혀있는 포케이드 빙하 주변에도 여러 형태의 구조토가 있다. 어떤 곳은 식생이 풍부하게 형성되어 있기도 하고 어떤 곳은 크기가 다양한 돌들만으로 된 곳도 있다. 구조토의 나이와 형성된 위치에 따라 거기에 자라는 식생도 다르게 나타나는 것으로 보인다. 구조토의 직경이 클수록 형성된 지 오래되고, 가운데 부분의 대류가 느리게 진행된다. 바톤반도에서 가장 나이 든 구조토는 약

6

1 북극 스발바르 제도에서 관찰된 구조토. 식생이 중앙부에서 자라고 있다. ⓒ정지영

2 식생이 거의 없는 구조토. 구조토가 형성되고 있는 초기 단계로 보인다.

3 구조토의 활동이 상대적으로 활발한 지역 모습이다. 주변의 둔덕에는 풍부한 식생이 자리하고 있다. 구조토 중앙에 고운 입자들이 보인다.

4 연못 인근에 형성된 구조토. 구조토 경계 부분의 오목한 지형에는 이끼가 많이 자라고 있으며, 둔덕에는 지의류들이 자리를 잡았다. 가운데 부분까지 식생이 형성된 것을 보면 구조토의 활동이 멈췄거나 느릴 것으로 추정된다.

5~6 바톤반도의 분지에 형성된 구조토. 산봉우리에서 보면 무늬가 더 뚜렷하게 보인다.

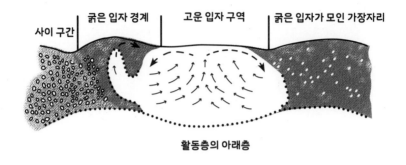

사이 구간　굵은 입자 경계　고운 입자 구역　굵은 입자가 모인 가장자리

활동층의 아래층

동토의 활동층에서 토양이 대류하면서 구조토가 만들어지는 과정을 보여주는 그림(Hallet, 2013)

4,710년 정도 된 것으로 알려졌다(Jeong, 2006). 구조토의 나이 측정 방법은 이렇다. 구조토의 가운데 부분이 대류하면서 주변에서 자라던 이끼나 지의류가 땅속에 묻히게 된다. 구조토 내부에 묻힌 송라속 지의류 잔해를 채취하여 거기에 포함된 탄소원자의 방사성 동위원소를 이용한다. 이는 약 4,000~5,000년 전쯤에 빙하가 후퇴하면서 형성된 사우스셰틀랜드 제도 다른 섬들의 호수 퇴적물을 분석한 연구결과와도 통한다(Björck et al., 1993).

　2007년 1월, 강행군 끝에 펭귄마을 식생조사를 마무리한 다음, 강풍 속에서 험난한 작업을 했던 이규송 교수님과 함께 구조토 조사에 나섰다. 당시 처음 본 구조토의 무늬도 그렇거니와 그것이 만들어진 과정을 공부하며 신기하기만 했다. 세종기지 주변에서 식생조사를 할 때는 구조토를 본 적이 없었다. 우리가 조사한 구조토는 7개 지역에 흩어져 있었다. 모두 산봉우리가 아닌 봉우리와 능선 사이의 분지나 완만한 사면

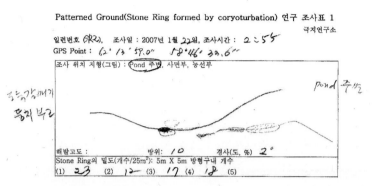

Patterned Ground(Stone Ring formed by coryoturbation) 연구 조사표 1

극지연구소

일련번호 (SR2), 조사일 : 2007년 1월 22일, 조사시간 : 2255
GPS Point : 62° 13′ 59.0″ 158°46′ 33.6″

조사 위치 지형(그림) : Pond 주변, 사면부, 능선부

호수가께기
몽지부리

Pond 주변

해발고도 :   방위 : 10   경사(도, %) 2°
Stone Ring의 밀도(개수/25m²): 5m X 5m 방형구내 개수
(1) 23 (2) 12 (3) 17 (4) 18 (5)

조사현장에서 기록하는 연구조사표의 일부. 위 부분에 'cryoturbation'의 철자가 틀리게 기재 되었다.

에 자리했다. 이러한 지형 덕분에 수분이 어느 정도 지면 아래 스며들어 구조토 형성에 역할을 할 수 있는 것으로 보인다.

조사한 구조토의 가운데 부분에는 보통 고운 흙이나 작은 자갈들이 모여 있어 쉽게 구조토임을 알 수 있었다. 하지만 '조사 지역 2'에서처 럼 식생이 가운데 부분까지 가득 차 있으면 바로 식별하기 어렵다. 가운 데 부분까지 식생이 자리 잡을 수 있는 이유는 토양의 대류가 매우 느리 게 일어나거나 수분 변화에 의해 대류가 멈췄기 때문이다. 구조토에 자 리 잡은 식물들을 들여다보면 수분의 많고 적음과 부착할 수 있는 기질 의 활용도에 따라 작은 구역 안에서도 식생 분포가 달라진다. 바톤반도 에서 관찰되는 구조토는 식생이 전혀 없는 초기 상태의 것과 식생으로 완전히 덮여 활동이 멈춘 것으로 보이는 구조토까지 다양하다. 남극은 기후변화로 인해 수분 공급양상이 계속 변하고 있다. 긴 시간이 지난 후 이들은 어떤 무늬를 그리고 있을지 궁금하다.

남극 식물 우리 이름 짓기

　이름 이야기를 시작하려니 학창시절 배웠던 김춘수 시인의 「꽃」이란 시의 한 구절이 떠오른다. "내가 그의 이름을 불러주었을 때, 그는 나에게로 와서 꽃이 되었다." 내가 그의 이름을 불러주지 않았다면 그는 나에게 아무런 의미가 없다. 우리 주변에 있는 식물들도 우리가 그 이름을 불러주지 않으면 그저 풀이고 잡초일 뿐이다. 남극 식물도 마찬가지다. 우리에게 의미 있는 우리 이름을 붙여주지 않으면, 정서적으로나 학문적으로 남극 식물은 진정한 우리 것이 되지 못한다. 언어가 사고와 철학을 지배하는 것과 같은 맥락이다.

이름 없는 식물 하나하나에 이름을 지어주려면 상상력을 발휘해야 해요!

　남극개미자리, 남극좀새풀, 남방구슬이끼……. 우리는 남극 지역에서 보고된 식물들에게 이름을 지어 붙여주었다. 남극 식물들을 연구하는 과정에서 만나게 되는 식물들, 특히 우리나라에는 없거나 남반구에서만 자라는 종들은 이름이 없기에 우리 이름을 새로 붙여주어야 한다. 남극개미자리와 남극좀새풀은 남극 고유종인데, 우리나라에 같은 속의 다른 종들인 개미자리와 좀새풀이 있으니 나름대로 억지 부리지 않고 쉽게 붙일 수 있었다.

　식물분류학자들은 발음하기도 기억하기도 힘들고 현학적이기도 한 라틴어 이름을 붙인다. 세계적

낫처럼 휘어진 낫깃털이끼의 잎들이 반짝반짝 빛난다. ⓒ채현식

으로 통용되는 학명이라는 것이다. 『곤충기』로 유명한 파브르는 『식물기』를 쓰면서 "아름다운 꽃들을 묘사하는 라틴어의 발음과 의미가 괴상할 뿐만 아니라 때로는 꽃들에 대한 모욕"이라며 식물학자들을 신랄하게 비판했다. 그러면서 다양하고 복잡한 수많은 종들의 특성을 간결하게 묘사하는 데 일상 언어로는 불가능하다는 점을 결국 인정한다.

언어적 진화를 멈춘 라틴어로 된 학명은 만국공용어로 연구자들에게는 매우 편리하다. 학명은 사람의 성과 이름처럼 이명법을 쓰는데, 잘 알려진 바와 같이 스웨덴의 식물분류학자 칼 폰 린네(Carl von Linné)가 확립했다. 이명법은 한 종의 공식 이름을 속명과 종명(종소명)으로 나누어 이탤릭체로 쓴다. 마지막에 그 이름을 붙여준 명명자의 성을 써

잔가지물가낫깃털이끼(*Warnstorfia sarmentosa*)는 물을 좋아해서 물가낫깃털이끼라는 우리말 속명이 딱 어울린다. 잔가지물가낫깃털이끼가 광합성으로 만든 산소가 스쿠아들의 목욕탕 위로 방울방울 올라오고 있다. ⓒ소재은

주기도 한다. 속명은 사람의 성과 같이 대문자로 표현한다. 속명 다음에 오는 소문자로 시작하는 두 번째 이름은 형용사로 된 종소명이다. 대부분의 경우 말 그대로 그 종의 특징적인 모양이나 원산지, 그 식물의 용도를 묘사한다. 분류학자로서 가장 좋은 종소명은 눈으로 볼 수 있는 형태를 표현하는 이름이라 생각한다. 형태를 보고 고개가 절로 끄덕여지는 이름이 좋다. 사실 그게 항상 가능하거나 쉽지는 않다. 식물의 우리 이름도 종을 묘사하는 학명의 뜻을 가져다 쓰면 좋을 것 같지만 그것도 매번 가능하지는 않다. 우리나라에서 흔히 만날 수 있는 나무나 꽃들은 이미 사용하고 있는 순우리말 이름이 있다. 많은 경우 주로 18세기에 유럽 학자들이 붙인 학명과는 동떨어진 이름들이다. 하지만 일반 사람들의 관심을 받기 어려운 이끼나 못 먹는 해조류, 미세조류 등의 이름은

싱그러운 포자낭이 맺힌 남방구슬이끼(*Bartramia patens*)

학명에서 유추된 것이 많다. 비교적 근래에 분류학자들이 연구를 통해
알게 된 식물들의 우리 이름을 학명이 의미하는 뜻을 가진 말로 지었기
때문이다.

　우리나라에도 있고 세종기지 주변에도 많이 자라는 낫깃털이끼
(*Sanionia uncinata*)는 잎이 벼를 베는 낫처럼 휘어있다. 낫깃털이끼의
학명 중 뒤에 있는 종소명 '운시나타(*uncinata*)'는 '갈고리 모양'이란
뜻이다. 이 이름만 보아도 낫과 비슷한 형태를 떠올리게 한다. 우리나라
에 없는 종이지만 속명이 같은 종이 있을 경우에는 우리 이름을 붙여주
기가 그나마 쉽다. 세종기지 주변에서 자주 발견되며 남반구에만 있는
구슬 모양 포자낭이 달리는 바트라미아 파텐스(*Bartramia patens*)는
'남방구슬이끼'라 이름 붙였다. 우리나라에 있는 구슬이끼(*Bartramia*

남극 제2기지 예비 후보지 답사 지역인
서남극 린지 제도(Lindsey Islands) 펭귄 군서지 인근의 전경

pomiformis)에서 실마리를 찾은 것이다.

　하지만 뒤에 '이끼의 나이'에서 자주 등장할 꼬리이끼과의 코리소돈티움 아시필룸(*Chorisodontium aciphyllum*)은 아직 우리 이름을 붙이지 못했다. 이끼를 전문으로 연구하는 분류학자가 아니라 선뜻 이름 붙이는 것이 부담스럽고 힘들다. 게다가 우리나라에 이끼를 분류하는 전공자도 매우 드물고 고전적인 형태분류를 하는 분류학자가 점점 사라지는 실정이라 남극에 있는 이끼까지 신경 쓸 연구자가 없을 것 같다. 우리나라에는 코리소돈티움속 이끼가 없다. 그렇다면 종소명 '아시필룸(*aciphyllum*)'의 뜻이 '바늘 같은'이라고 하니, '침꼬리이끼'라고 하거나 '바늘꼬리이끼'라고 하면 어떨까.

제2부

남극에 이끼가 산다고 상상이나 해 봤니

그들이 얼음 땅에서 살 수 있는 이유

　메이쉬 누나탁(Maish Nunatak)은 서남극의 빙원으로 둘러싸인 검은 현무암으로 된 지대다. 현무암 암반에 자리 잡은 검은송라와 패인 구멍 속에서 자라고 있는 고착지의류(Crustose lichen)를 보면서, 새삼 지의류의 생명력에 경이를 느꼈다. 지의류뿐만 아니라 남극 이끼들 중 세 종은 멀리 남극점 가까운 남위 84° 지역에까지 자라고 있다고 한다 (Green et al., 2011). 흥미롭게도 우리나라에 널리 분포하는 큰철사이끼(*Bryum pseudotriquestrum*)가 그중 하나다. 나머지는 아남극과 남극에 사는 항아리참바위이끼(*Schistidium urnulaceum*)와 남극 고유종인 남극참바위이끼(*S. atartarctici*)다. 식물들뿐만 아니라 남극에 사는 생물들은 곤충, 곰팡이, 미생물, 어류 할 것 없이 혹한에 노출된 채 그것을 견디며 빙하기와 간빙기를 거쳐 겨우 살아왔다.

　남극좀새풀이 남극반도 남위 약 68°까지 살아갈 수 있는 비결이 무얼까? 이 식물은 동결로부터 자신의 몸을 보호할 수 있는 결빙방지단백질(AFP: antifreeze protein)을 만든다(Bravo and Griffith, 2005). 눈 결정을 들여다본 적이 있는지 모르겠다. 얼음 결정은 핵을 중심으로 날카로운 창처럼 확장해가며 수분을 동결시킨다. 이때 형성된 창 같은 구조가 세포를 손상시켜 냉해를 입히게 된다. 결빙방지단백질은 얼음 결정이 확장하지 못하도록 막는 단백질이다. 극지방에 사는 생물들에게서

1 서남극 엘스워드랜드 메이쉬 누나탁에서 발견된 검은송라(*Usna sphacelata*). 2008년 그 곳에 갔을 때 쌓인 눈을 손으로 쓸어내고 찍은 사진이다.
2 2008년 초 러시아 연구선 아카데믹 페도로프호를 타고 서남극의 여러 지역을 조사했다. 메이쉬 누나탁에서 채집해온 시료들을 지의류 전문가인 미하일 박사와 함께 관찰하고 있는 모습이다.

1 메이쉬 누나탁에서 검은송라가 붙어 자라는 현무암 구멍 속에 노란색 고착지의류가 자라고 있다. 아카데믹 페도로프호의 실험실에 있는 카메라가 부착되지 않은 오래된 현미경의 접안 렌즈에 가져간 디지털카메라를 대고 찍었다.

2 남극참바위이끼(*Schistidium antarctici*). 남극 고유종으로 가장 남쪽에까지 자라고 있는 식물이다.

3 세종기지 주변의 남극 이끼들 위로 내리는 눈 결정. 이토록 아름다운 별 모양의 결정체가 식물체에는 자상을 입힐 창이 될 것이다. ⓒ소재은

주로 발견되며, 추운 겨울을 지내는 초본식물에서도 찾아볼 수 있다.

남극의 주요 식생을 구성하는 지의류의 곰팡이는 조류(algae)를 붙잡아 균사 사이에 가둬둠으로써 식량을 해결한다. 조류가 광합성으로 만든 당을 얻어 공생의 양분으로 활용하는 방식이다. 곰팡이는 이 양분을 자신의 생장은 물론 조류와 자신을 혹한과 자외선, 건조로부터 보호하는 데 사용한다. 이러한 전략으로 지의류는 지구 생물이 감당하기 어려운 자외선, 우주공간에서 쏟아지는 우주선(cosmic ray: 우주에서 들어오는 고에너지 입자와 방사선) 속에서도 15일 동안 살아남았다. 또한 화성과 유사한 환경의 실험실에 22일 동안 반복적으로 노출시켰을 때도 광합성을 할 수 있었다(Sancho et al., 2007; de Vera et al., 2010).

이끼의 경우는 혹한의 환경을 견디는 방식이 조금 달랐다. 은이끼(*Bryum argenteum*)를 대상으로 결빙방지단백질이 있는지 조사해보았으나 은이끼는 그런 단백질을 만들지 못했다(Davies, 2016). 은이끼는 전 세계에 분포한다. 남위 79°까지 그 분포가 확인되었는데, 남극 더 깊은 곳에도 있을 가능성이 높다. 결빙방지단백질을 만들지도 못하면서 겨우 세포 한 겹으로 된 잎을 가진 연초록 은이끼가 어떻게 혹한에서 살아남을 수 있을까? 놀랍게도 서로 돕는 이웃이 있기 때문이었다. 이끼는 스스로 광합성을 하는 독립 영양체다. 그렇지만 이끼도 홀로 혹한에서 살아가지는 못한다. 인간을 포함한 동물과 마찬가지로 미생물과 함께 살아간다. 이끼에게는 없는 결빙방지단백질 생성 능력이 이끼 표면에 살고 있는 호냉성 미생물들에게는 있다. 이끼는 미생물이 만들어서 분비해놓은 결빙방지단백질을 잎 표면에 축적하여 동결로부터 몸을 보호한다(Davies, 2016).

세종기지 주변에서 찍은 연한색의 은이끼의 모습.

다른 이끼들에 비해 옅은 녹색을 띠고 있어 '은이끼'라는

이름이 붙은 것 같다. 은이끼는 장보고기지 주변에서도 관찰된다.

남극뿐만 아니라 생물계의 상호의존은 생존을 위한 필수 조건이다. 자연에서 가장 민감하면서도 가장 둔한 인간만이 간과하고 있는 사실이다. 인간을 포함한 모든 생물의 관계는 정말 촘촘하게 얽히고설킨 그물과 같다. 요즘 인류세(Anthropocene)라는 말을 자주 듣는다. 아직 지질학적으로 구분이 어려운 부분이 많아 학계에서는 논란이 지속되고 있다. 하지만 인간이라는 생물종으로 인해 지구 환경이 이전과는 다르게 변화 중인 것은 분명하다. 인간은 생물계의 일부분으로 얽혀있는 그물의 어느 한 매듭임을 스스로 망각하고 살아간다. 혹은 알면서도 지금 이 순간의 불편함과 탐욕 때문에 그 사실을 눈감아버리는지 모르겠다. 그런 점에서 인간은 가장 똑똑한 생물이면서도 동시에 가장 어리석은 생물이다. 공존을 생각하지 않는 인류에게 미래가 있을까.

이끼와 미생물 사이의 공생 관계에서 인간이 배울 수 있는 것은 무엇일까요.

이끼가 까맣네

과학 하는 사람들에게 가장 위험한 적은 아마도 선입견일 것이다. 사실 선입견은 적을 가장 빠르게 구분하고 대응할 수 있는 직관으로, 인간이 지구상에 살아남는 데 기여한 진화과정의 산물일 것이다. 그러나 인간이 지구의 대부분을 지배하고 있는 현재 인간 사회에서 선입견의 힘은 득보다 실이 더 많은 것 같다. 선입견은 과학자에게 가장 필요한 창의성과 호기심을 발휘할 기회의 싹을 싹둑 잘라버리는 무자비한 힘이 있다. 사회에서도 선입견은 더 폭넓은 인간관계와 다양성을 방해한다.

해조류 분류학을 공부하던 석사과정 때 박사 논문 연구주제인 김을 채집하러 다니던 선배가 있어 함께 여러 곳에 간 적이 있다. 김은 홍조류니까 모두 붉은색을 띨 거라고 생각했다. 그런데 비금도라는 작은 섬 바닷가 방파제에 붙어 있던 김은 녹색에 가까웠다. 또 홍조류에 속하는 꼬시래기라는 종은 갈색을 띤다. 그렇게 해서 색깔만으로 갈조류인지 녹조류인지 단정하면 안 된다는 것을 깨닫게 되었다.

2002년부터 남극의 육상 식생을 연구하게 되어 남극 식생의 주요 구성원인 지의류와 이끼에 대해 공부하기 시작했다. 도감과 선태류 분류 관련 자료를 찾아보니 이끼의 형태를 보고 종을 구분하는 방법은 해조류의 그것과 크게 다르지 않았다. 현미경을 통해 잎 모양을 관찰하고, 잎을 횡으로 얇게 잘라 세포 배열과 잎맥의 구조를 보고, 세포가 몇 겹

남극 이끼를 공부하기 이전에는 나에게 이끼는

녹색의 작고 연약한, 습한 곳에만 사는 식물이었다.

500μm

200μm

1 현미경으로 본 남극의 검정이끼속 이끼들. 잎 모양이 조금씩 다르다. 왼쪽의 납작잎맥검정이끼(*Andreaea depressinervis*)는 잎맥이 있고, 나머지 두 종은 잎맥이 없다. 가운데 가이니검정이끼(*A. gainii*)의 잎 모양과 오른쪽 작은검정이끼(*A. regularis*)의 잎 모양은 차이가 있다. ⓒ윤영준

2 세종기지 바닷가 암반에 착생하는 남극의 김(*Porphyra endiviifolium*)이 실 모양의 녹조류와 함께 조간대 상부에 살고 있다.

인지 모양은 어떤지 등을 관찰한다. 포자낭이 있으면 더 쉽게 종을 구분할 수 있다. 생물의 번식과 관련된 기관들은 자주 다른 종들과 뚜렷하게 구분되는 특징을 가지고 있어 종을 분류하는 데 유용하다. 그렇지만 남극에 사는 이끼들 중에는 포자낭을 만들지 않는 종들도 많아 비슷비슷한 형태를 가진 같은 속의 종들을 구분하는 데 어려움을 겪는다. 근래에는 유전자를 분석하여 구분하는 방법이 도입되었지만, 여기에도 난점이 있다. 최초에 종을 분류하고 기록했던 시료가 없거나, 시료가 오래되어 유전자 분석이 이루어지지 못해 정확한 종 이름을 붙이는 데는 여전히 한계가 있다.

남극 이끼를 조사하기 전에는 나에게 이끼란 습한 곳에서만 사는 녹색의 작고 연약한 식물이었다. 그런데 세종기지 주변의 암반이나 자갈, 토양 표면을 뒤덮고 있는 검은색 식물체가 이끼라니. 자세히 관찰해보니 작은 이파리들이 오밀조밀 모여 있고 포자낭(삭)도 어엿하게 가지고 있는 전형적인 이끼였다. 바톤반도에서는 송라속(*Usnea*)이 우점하는 곳 주변부 오목한 지역에 넓게 생육하고 있는 검정이끼들을 볼 수 있다. 젖어있을 때는 홍갈색의 고급스러운 융단처럼 보인다.

선태식물을 전공하는 연구자들이야 당연하게 여기겠지만, 당시만 해도 문외한이었던 나에게는 검은색 이끼가 적잖은 충격이었다. 여전히 나의 뇌는 선입견에 지배당하고 있었다. 자외선이 많은 남극에 살아서 그렇게 적응한 걸까 생각했지만, 나중에 알고 보니 우리나라에도 주로 고산지대에 검정이끼(*Andreaea rupestris*)가 자라고 있었다(문교부, 1980; 국립생물자원관, 2014). 1980년 문교부에서 출간한 도감에 검정이끼가 수록되어 있었다. 그 도감의 검정이끼 채집지 란에 '금강산'

어이, 어이, 너무 타고 올라오지 말라고!

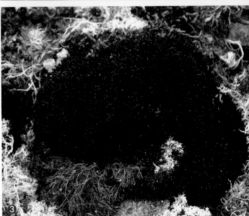

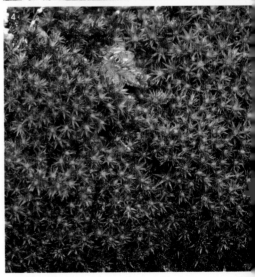

1~2 가이니검정이끼. 건조할 때는 검은색으로 보이지만, 습기를 머금으면 녹색을 띠는 암갈색이나 암적색이 된다. 노출 암반에 밀착하는 초기 천이 종으로, 남극에서 얼었다 녹았다 하면서 물리적으로 풍화된 암반의 갈라진 틈에 자라며 풍화를 촉진시킨다. ⓒ최순규

3~4 납작잎맥검정이끼는 남극에 사는 검정이끼속 이끼들 가운데 키가 가장 크다. 4번 사진은 수분을 많이 흡수한 납작잎맥검정이끼다. ⓒ윤영준

5 촉촉이 젖은 작은검정이끼가 청초해 보인다. 아직 여물지 않은 포자낭(삭)이 올라와 있다. ⓒ채현식

6 검정이끼(*Andreaea* spp.)가 자리를 만들어 주니 그 위를 살색사마귀지의속의 지의류(*Ochrolechia frigida*)가 덮어버렸다. ⓒ최순규

7 검정이끼 위에 자라는 다른 이끼와 지의류들이다.

1 송라 군락 주변의 오목 지형을 차지하고 있는 검정이끼속 이끼들. 건조할 때는 검은색에 가깝지만 젖으면 홍갈색을 띤다.
2 우리나라에 생육하는 검정이끼(*Andreaea rupestris* var. *fauriei*) ⓒ윤영준

이라고 적혀 있었다. 반갑기도 했지만 언제 채집한 건지, 지금도 금강산 깊은 곳에 가면 더 많은 검정이끼 종들이 있지 않을지 궁금증이 꼬리를 물었다.

남극의 검정이끼는 한반도나 일본, 대만 등지에 있는 검정이끼와 겉보기에는 똑같이 보이지만 전혀 다른 종이다. 세종기지 주변에는 세 종류의 검정이끼가 살고 있다. 이들은 아남극의 섬들과 남극반도 서쪽에 주로 분포한다. 흔하지 않지만 남아메리카 고산지대에서도 자취가 보고되고 있다.

남극에 사는 검정이끼속 이끼들은 비교적 건조한 암반에서도 잘 자라고, 지면이 노출되면 가장 먼저 들어와 자리를 잡는 식생 천이 초기 식물이다(Ochyra et al., 2008). 연약하고 단순한 생물이라고만 생각했던 이끼들이 거친 남극 환경에서, 그것도 가장 먼저 앞장서서 뒤따라올 생명들을 위해 터전을 일구다니……. 더없이 기특하고 인상적이었다.

이끼의 나이

　나무의 나이는 나이테를 보면 알 수 있고, 사람의 나이는 얼굴을 보면 어느 정도 짐작할 수 있다. 하긴 요즘 사람들의 나이는 얼마나 잘 관리하느냐에 따라 달라져 가늠하기가 힘들긴 하다. 아직까지 우리 문화는 나이로 상하를 따지는 경우가 많다. 처음 만나면 본능적으로 그 사람의 외모나 말투 등에서 나이의 실마리를 찾으려고 애쓴다. 하지만 나이가 됐든 그 무엇이 됐든 숫자는 그리 중요한 것이 아니란 걸 깨닫게 된다. 오히려 숫자를 많이 쥔 사람은 더 겸허해져야 할 때가 많다. 나이 든 사람이 가장 피해야 할 것은 배우려 하지는 않고 가르치려고만 드는 일일 것이다.

　남극에 사는 이끼들은 자신의 나이를 어떤 식으로 먹어갈까? 남극에는 남극너도밤나무가 멸종한 이후 목본식물이 자취를 감추고 이끼와 지의류가 주로 살고 있다. 우리나라의 이끼들은 죽으면 고온다습한 여름철 기후 때문에 쉽게 분해된다. 그런데 세종기지 주변의 경우는 80~90%나 되는 높은 연평균 습도에도 불구하고 분해가 천천히 진행된다. 기온이 낮기 때문이다. 남극의 이끼는 3개월 정도 지속되는 여름 동안 생장하다가 이후 더 이상 자라지 못하고 생장을 멈춘다. 낮은 기온에서 생명활동을 왕성하게 하려다가 오히려 냉해를 입을 수 있으므로 잠시 멈추는 것이 그들이 선택한 생존전략이다. 이듬

송라속 지의류와 함께 자라고 있는 쿠션 모양의 코리소돈티움 아시필룸. 세종기지 주변에서 관찰되는 이끼들 가운데 가장 키가 크다.

해 여름이 되면 죽은 듯 갈색으로 말라붙어 있던 이끼가 부스스 깨어나 녹색과 흑갈색 또는 홍갈색의 잎과 줄기를 내놓는다. 가끔 한국으로 가지고 들어온 잘 말린 이끼 시료를 보고 놀랄 때가 있다. 관찰하려고 물에 풀어놓은 채 다른 일로 바빠서 얼마 후에 보면 이끼가 조금 자라나 있는 게 발견된다. 이렇게 조건과 시기에 따라 생장을 멈췄다 재개했다를 반복하면서 이끼는 자신의 나이를 가늠할 수 있도록 해준다.

　나이층을 가장 뚜렷하게 잘 보여주는 이끼는 우리나라를 포함해 세계 곳곳에서 자라는 큰철사이끼(*Bryum pseudotriquestrum*)다. 남극에서 쉽게 만날 수 있는 큰철사이끼는 다른 지역의 개체들에 비해 잎이

녹색부분을 잣대로
이끼의 나이를
알수 있답니다.

1 세종기지 주변에서 채집된 큰철사이끼. 시기에 따라 층의 높이에 차이가 보인다. 아래쪽은 분해가 진행되어 층이 뚜렷하지 않다. ⓒ일본 극지연구소 우치다 마사키
2 코리소돈티움 아시필룸의 가운데 부분을 반으로 갈라본 모습. 녹색 영역은 가장 최근에 자란 부분으로 남극에서 여름 한철에 최대 약 1인치 정도까지 자란다.
3 펭귄마을 주변 피트층의 상부에서 채취한 코리소돈티움 아시필룸

작은 편이고, 포자낭을 만드는 일이 드물다. 펭귄마을 주변에 넓은 군락을 이루고 있는 꼬리이끼과의 코리소돈티움 아시필룸(*Chorisotontium aciphyllum*)은 큰철사이끼에 비해 남극의 여름 동안 더 빨리 자라지만 나이층은 뚜렷하지 않다. 이럴 땐 한 철에 자란 녹색 부분을 잣대로 남아있는 부분의 나이를 가늠할 수 있다.

2006년 현장조사를 함께 한 우치다 박사는 남극에서 이끼의 분해를 돕는 곰팡이들에 관한 연구를 진행했다. 이끼가 자란 시기별로 구분하여 곰팡이의 조성을 알아보고, 그 시기에 따라 곰팡이의 종류가 달라지는지, 가장 많이 나타나는 곰팡이의 종류가 무엇인지 등을 조사했다. 기온이 낮은 남극 지역에서는 물질 순환이 더디게 일어난다.

춥고 습한 곳에서 이끼가 잘 분해되지 않고 매년 착실히 자라서 차곡차곡 쌓여 만들어지는 층을 피트층이라 부른다. 피트층을 구성하는 가장 잘 알려진 이끼는 물이끼속(*Sphagnum*) 종들이다. 우리나라에도 20종의 물이끼가 보고되었다(국가생물다양성센터, 2018). 북반구 냉대나 툰드라 지역 습지에서 피트가 많이 형성되며, 캐나다와 러시아에 가장 넓게 분포하고 있다. 북극 다산기지가 있는 스발바르 제도의 북위 84°가 물이끼로 된 피트층이 존재하는 최북단이다. 물이끼들은 몸을 구성하는 죽은세포들의 벽에 구멍이 많아 습한 곳에서는 건중량의 약 26배까지 물을 흡수하는 것으로 알려져 있다.

세종기지 인근의 펭귄마을에도 피트층이 있다. 물이끼가 아니라 꼬리이끼과의 코리소돈티움 아시필룸이 만든 푹신푹신한 피트층이다. 킹조지섬 이외에도 사우스셰틀랜드 제도의 엘러펀트섬에서 코리소돈티움 아시필룸이 만든 약 3m 깊이의 피트층이 발견되었다. 방사성동

위원소로 연대를 측정한 결과 약 5,500년 전부터 형성된 것이라 한다 (Björck et al., 1991). 이 시기는 남극반도 지역에서 빙하가 후퇴한 것으로 추정되는 시기와 비슷하다(Björck et al., 1993).

코리소돈티움 아시필룸은 낮은 온도에서 잘 분해되지 않고 피트층 내에서 휴면생활(cryptobiosis)을 하는 것으로 유명하다. 혹독하게 추운 날씨를 견디기 위해 대사활동이 거의 정지된 상태를 유지하는 것이다. 영국 과학자들이 자국의 기지가 있는 남극의 시그니섬(Signy Island)에서 수행한 연구 보고가 있다. 138cm 깊이의 피트층을 시추하여 깊이별로 암갈색으로 변한 이끼 시료들을 배양하는 실험이었다. 그 결과 약 1,530년간 영구 동토층에 보존되어 있던 코리소돈티움 아시필룸의 잎과 가근에서 이끼가 자라나는 것을 확인했다(Roads et al., 2014).

나이 든 이끼들은 빙하시대의 얼음에 덮여있던 남극 식물의 생존 기작을 연구하는 데 중요한 실마리를 제공해준다. 동시에 기후변화와 남극 육상생태계의 변화 예측에 동토에서 잠자고 있는 식물들이 어떻게 반응할지에 대한 고민도 잊지 말라고 속삭인다.

펭귄마을 옆에 넓은 군락을 형성하고 있는
코리소돈티움 아시필룸.
펭귄마을 피트층을 구성하고 있는 주요 종이다.

그래도 난 포자를 만들거야

　세종기지 주변에 살고 있는 이끼들 중에는 커다란 호빵처럼 자라거나 융단처럼 넓게 자라는 종들도 있다. 보통 남극에서 볼 수 있는 이렇게 크게 자라는 종들은 포자를 잘 만들지 않는다. 이들은 포자로 번식하는 것보다 무성생식으로 세력을 넓혀가는 것을 좋아하는 것 같다. 버들이끼과의 낫깃털이끼속(*Sanionia*), 물가낫깃털이끼속(*Warnstorfia*), 꼬리이끼과의 코리소돈티움속(*Chorisodontium*), 솔이끼과의 산솔이끼(*Polytrichastrum alpinum*)와 솔이끼속(*Polytrichum*)의 종들이 그렇다. 그밖에도 포자 만들기를 게을리 하는 종들이 여럿 있다.

　그런가 하면 혹독한 남극에서도 기어이 포자를 만들어 번식하는 종들도 꽤 많다. 세종기지를 방문하여 육상에서 연구를 하거나 다른 연구를 하는 연구원들도 남극의 작은 육상생물들에 관심이 많다면 꼭 한 컷 간직하고 싶어 하는 이끼가 있다. 이 세련되고 앙증맞은 이끼는 빨갛고 가느다란 목(삭병)에 싱그러운 연녹색 얼굴을 내민 남방구슬이끼(*Bartramia patens*)다. 우리나라에 사는 구슬이끼와는 다른 종으로, 남반구 남아메리카와 남극반도 서쪽까지 분포하고 있어 남방구슬이끼라는 이름이 붙었다. 남방구슬이끼는 이름 그대로 구슬 같은 포자낭(삭)을 가지고 있어 눈에 잘 띈다. 식생조사를 하다보면 넓은 면적을 차지하지는 않지만 따분해질라치면 불쑥 얼굴을 내밀어 예쁜 들꽃이라도 만난 것처럼 기분이 좋아진다. 남방구슬이끼는 포자낭이 성숙될 즈음 불

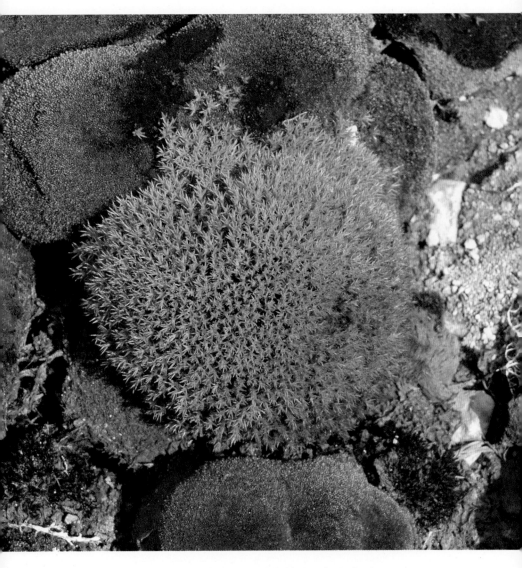

남극에서 좀처럼 포자낭(삭)을 만들지 않는
곤은솔이끼(*Polytrichum strictum*)와 주변에 있는
큰철사이끼(*Bryum pseudotriquetrum*)

1 철사이끼속(*Bryum*)의 이끼의 포자낭. 조롱박같이 생긴 포자낭이 무거운지 잔뜩 구부리고 있다. ⓒ채현식

2 감긴털이끼(*Dicranoweisia crispula*)의 포자낭. 우리나라 「2018년 국가생물종 목록」에 수록된 감긴털이끼 속명 *Dicranoweisia*는 1869년 발표자료를 기반으로 정리된 것이나, 2008년 Seligeriaceae과의 *Hymenoloma*속으로 변경되었다(Ochyra et al., 2008).

3 바톤반도 옆 위버반도에서 찾은 침솔이끼(*Polytrichum piliferum*). 바톤반도에서는 아직까지 본적이 없다. ⓒ소재은

4 꼬리이끼과 코리소돈티움 아시필룸 군락. 포자낭 없이 바늘 같은(aciphyllum의 뜻) 잎만 무성하다. ⓒ최순규

5 녹색 포자낭을 내민 남방구슬이끼. 수분을 머금어 싱그러워 보인다. ⓒ최순규

6 남방구슬이끼. 물기가 없어 포자낭(삭)을 덮고 있는 뚜껑(삭모)이 잘 보인다. ⓒ소재은

7 남방구슬이끼의 붉은색 포자낭. 삭모가 떨어져 나간 걸 보니 이미 포자들을 내보낸 모양이다.

8 남극 전역에 분포하는 남극 고유종 남극참바위이끼(*Schistidium antarctici*). 포자낭이 포엽(perichaetium)에 싸여있어 도토리 같다.

9 융단처럼 넓게 펼쳐진 낫깃털이끼 군락. 낫깃털이끼가 남극에서 포자낭을 만드는 일은 매우 드물다. 세종기지에서 펭귄마을로 가는 길에 있는 남극의 눈과 바람에 풍화된 고래 척추뼈 주변의 모습이다. 킹조지섬은 옛적에 포경선이 드나들었던 슬픈 기억을 가진 곳이기도 하다. ⓒ정호성

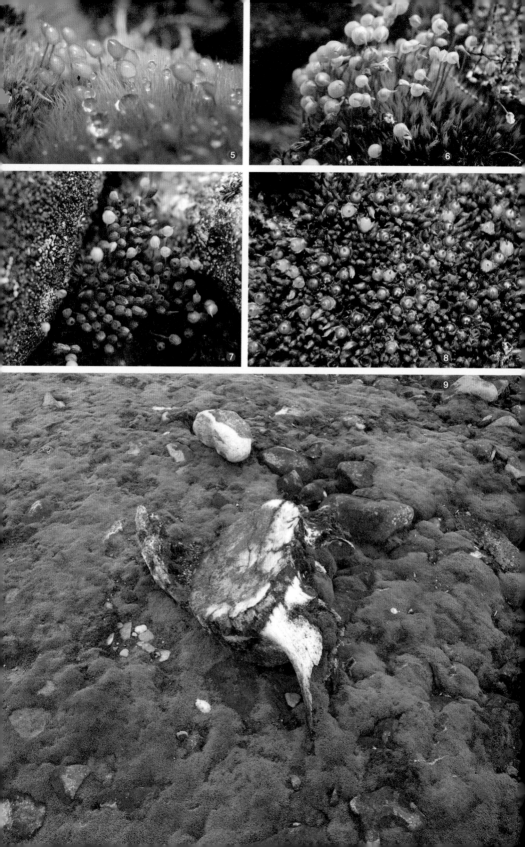

1 침꼬마이끼과(Pottiaceae)의 헤네디엘라 안탁티카. 포자낭이 두드러져 잎이 없는 것처럼 보인다. 해양성 남극 지역에서 포자낭이 잘 여물어 주로 유성생식으로 번식한다. 무성생식에 대한 정보는 알려진 바 없다. ⓒ윤영준

2 낫깃털이끼(*Sanionia uncinata*). 포자낭은 매우 드물게 발견된다(Ochyra et al., 2008). 직접 관찰하지는 못했지만, 2018/2019년 남극 시즌에 최순규 박사가 세종기지 주변에서 찍은 사진으로 만날 수 있었다. 안타깝지만 낫깃털이끼의 포자낭은 남극에서 여물지 못한다고 한다.

그스름하게 변한다.

남방구슬이끼 외에도 남극에서 포자를 열심히 만들어 내는 이끼가 여럿 있다. 같은 속의 종들은 포자낭이 거의 똑같은 모양이지만 조금 관계가 먼 종들은 포자낭만 봐도 구분할 수 있다. 침꼬마이끼과의 헤네디엘라 안탁티카(*Hennediella antarctica*)는 포자낭을 너무 많이 만들어 잎이 보이지 않을 정도다.

이렇게 열심히 포자낭을 만들다한들 여름철에도 수시로 내리는 눈과 눈 폭풍(블리자드)에 시달려 여물지 못하는 포자낭이 대부분이다. 설익은 포자낭은 기온이 내려가면서 그대로 시들어버려 번식하지 못한다. 상당한 에너지를 포자낭 만드는 데 쏟아 부었을 텐데 번식에 성공하

지 못한 것이 안쓰럽다. 그래도 방법은 남아있다. 유성생식에 실패하더라도 무성아(propagula)로 번식할 수 있다. 남극에서도 포자로 번식을 잘하는 이끼들은 남극 고유종일 가능성이 높다. 그만큼 남극 환경에 잘 적응되어 있다는 증거이기 때문이다.

양극 지역 분포 종이나 남극보다 더 북쪽이 원산이지만 신생대 빙하기 이후에 유입된 종들에서는 드물지만 포자낭을 만드는 경우가 종종 관찰된다. 생물 입장에서는 아무래도 유성생식을 통해 자손을 퍼뜨리기를 원할 것이다. 유전자형이 동일한 무성아 번식보다는 조금이라도 다양한 유전자형을 만들기 위해서다. 지구 역사에서 생물들이 필연적으로 마주하는 환경변화에 살아남을 확률이 높아지려면 유전자 다양성이 높을수록 유리하기 때문이다.

자연적인 환경변화뿐만 아니라 인위적인 변화도 종들의 생존을 크게 위협하는 요인으로 작용한다. 지구 생물들이 현대의 급격한 변화의 강도와 속도를 따라잡을 수 있을지 걱정이다. 생물종의 다양성이 지속적인 지구 생태계의 삶에서 중요한 만큼 인간 사회에서도 다양성은 매우 중요하다. 고대 로마의 역사에서 그 예를 찾을 수 있다. 다양성을 인정하고 자신들이 점령한 민족들의 문화와 종교를 포용했던 시대에는 번창했지만, 동일 종교와 순수를 추구하면서부터 쇠락의 길로 접어들었다. 우리 사회도 다양한 철학, 다양한 문화, 다양한 신념을 포용하고 서로 존중하는 사회가 되었으면 하는 바람이다.

미세먼지를 먹는 이끼

　최근 몇 년 사이, 그리 오래되지 않은 버릇이 하나 생겼다. 아침에 일어나면 안경을 쓰고 휴대전화를 들어 미세먼지 농도부터 본다. 나른한 봄날이면 창문을 열고 싶어도 방독면 마스크를 쓴 해골바가지가 두려워 아예 창문 열기를 포기한다. 옆집 아이들은 한참 밖에서 뛰놀 나이인데 두문불출이다. 아이 부모는 집에서 아이들의 넘쳐나는 에너지를 다 받아주느라 힘들 게 분명하다. 아파트 베란다의 먼지 낀 창 너머로 보이는 바깥 풍경은 텅 빈 놀이터와 정체된 공기로 무겁게 침묵하는 무표정한 도시의 나무들뿐이다. 언뜻 레이첼 카슨(Rachel Carson)의 명저 『침묵의 봄(Silent Spring)』의 한 구절을 연상시킨다. "낯선 정적이 감돌았다. 새들은 도대체 어디로 가버린 것일까?"

　도시의 공기 오염은 90% 미세먼지와 10%의 오존이라고 한다 (Splittgerber and Saenger, 2015). 미세먼지는 크기로 구분한다. 10마이크로미터보다 작은 입자는 미세먼지, 2.5마이크로미터보다 작으면 초미세먼지, 0.1마이크로미터보다 작으면 극초미세먼지라고 한다. 미세먼지는 일반적으로 질소화합물이며, 배출원에 따라 성분이 다양하다. 2006년 세계보건기구(WHO) 보고에 따르면 전 세계 사망자의 여덟 명 중 한 명은 공기 오염 때문에 수명을 다하지 못하고 일찍 사망한 경우라 한다.

런던 거리에 세워진 이끼 벽 '시티트리(CityTree)'

펭귄마을 언덕 위에 다양한 이끼들과 지의류가 섞여 자라고 있다. ⓒ정호성

　　연구소에 같이 근무하는 이형석 박사와 남극 이끼에 대해 이런저런 이야기를 나누다 귀가 번쩍 뜨인 적이 있었다. 미세먼지를 제거해주는 이끼에 대한 이야기였다. 우리나라보다 공기 질이 더 좋은 편인 독일과 유럽 여러 나라에서 도시의 미세먼지 문제를 해결하기 위해 다양한 시도를 하고 있다. 그중에서도 최근 주목할 만한 시도는 도시 중심지에 살아있는 이끼로 만든 벽(제품명: CityTree)을 세우는 프로젝트라고 한다 (Splittgerber and Saenger, 2015). 이끼는 관속식물과 달리 관다발이

발달되어 있지 않아 가근, 잎과 줄기, 즉 온몸으로 수분과 양분을 흡수한다. 잎으로 공기 중의 양분을 흡수하기 위해 잎 표면은 양전하를 띠고 있다. 여기에 미세먼지의 주범인 음전하를 띤 질소화합물이 들러붙게 된다는 것이다(Frahm and Sabovljevic, 2007).

이끼는 이렇게 미세먼지를 흡수하여 자신의 몸으로 변환시킨다. 다른 식물들도 미세먼지를 흡착하지만 양분으로 사용하지는 못한다. 바람이 불면 공기 중으로 다시 떠오르게 되어 정화효과가 별로 없다. 또한 이끼는 아주 작은 잎을 가지고 있지만 그 수가 매우 많다. 1m² 안에 있는 이끼 잎의 표면적은 23m² 정도로 넓다. 실내 공기정화 식물로 잘 알려진 아이비(ivy)는 1m² 당 표면적이 7m²밖에 되지 않는다. 게다가 이끼는 완전히 건조되었다가도 비가 오면 바로 온몸으로 수분을 흡수하여 되살아난다.

이러한 이끼의 특성을 활용하여 도시의 미세먼지를 제거한다는 것이다. 이미 유럽의 여러 도시, 특히 '독일의 베이징'으로 불리며 스모그로 악명 높은 공업도시 슈투트가르트에서 효능이 검증되었다. '이끼 벽'이 생물학적 미세먼지 제거 수단으로 적합하다는 시험 결과가 나온 것이다(www.greencity.de). 우리나라의 인터넷 쇼핑몰에서도 이미 가정용 '이끼 벽'을 실내장식 겸 공기정화기의 용도로 판매하고 있다.

그렇다면 야외에 설치된 이끼 벽이 겨울에도 잘 견디며 기능할 수 있을까? 우리나라 기후와 마찬가지로 유럽도 겨울은 매우 춥고 여름에는 강한 햇빛으로 자외선도 강하다. 야외에 설치된 이끼 벽들은 이끼만 있는 것이 아니라 작은 현화식물을 함께 심어 이러한 문제를 보완하고 있는 것으로 보인다. 우리 주변의 이끼들을 보면 주로 그늘지고 습한 곳에서 자란다. 겨울에는 죽은 듯 누렇게 마른 채 땅바닥에 붙어 있다. 이런 이끼는 광합성도 하지 않고 대사도 정지된 상태다. 따라서 미세먼지를 제거해줄 수 있는 능력이 상실되었다고 보아야 한다.

남극의 이끼도 양분을 공기로부터 흡수하고 또한 긴 세월 동안 건조와 혹한, 강한 자외선에 적응하여 살아왔다. 그렇다면 사계절 잘 견디고 잘 자라는 강인한 남극 이끼로 미세먼지를 지속적으로 제거해주는 효율성 높은 '이끼 벽'을 만들 수 있지 않을까. 그렇지 않아도 이형석 박사는 관련 국제 연구 프로젝트를 계획 중이란다. 좋은 결과를 기대해본다.

미세먼지를 감소
시키는 천연자원
으로서의 이끼!
너무 감사하죠!

1 곧은솔이끼(*Polytrichum strictum*). 독일 과학자들의 실험에서 미세먼지 흡수 효율이 약 30~35%로 가장 높게 나타났던 큰솔이끼(*P. formosum*), 향나무솔이끼(*P. juniperinum*)와 같은 속으로 세종기지에 생육하고 있다(Frahm and Sabovljevic, 2007).
2 곧은솔이끼의 잎을 확대한 모습. 이 촘촘한 작은 잎들로 미세먼지를 흡착해 먹어치운다.

제3부

추위를 동반자 삼아 살아가다

남극의 비와
남극좀새풀의 번성

세종기지를 처음 방문한 2002년 1월과 2월에는 비가 자주 내렸다. 남극에 눈이 아니고 웬 비일까? 세종기지는 남위 62° 13′에 위치하고 있어 여름에는 비교적 온화하다. 실제로 2002년 2월 세종기지의 최고 기온은 11.5℃를 기록했다. 세종기지 운영 이후 2018년까지 기록된 여름 최고 기온은 13.2℃로 2004년 1월 24일에 관측되었다(극지연구소, 2019). 남극 연구를 시작한 2002년과 2004년 사이의 여름에는 유난히 비가 자주 내려 비를 맞으면서 식생조사를 하곤 했다.

> 목욕하는 도둑갈매기 때 한 번 구경하고 가세요~!

2002년은 우리나라와 일본이 공동으로 월드컵대회를 개최했던 해다. 월드컵 경기가 한창인 6월, 세종기지는 기나긴 겨울이 시작되는 때다. 당시 세종기지에 파견되었던 15차 월동대원들은 6월 한 달을 칠레 방송국에서 중계하는 월드컵 경기를 시청하면서 보낼 꿈에 부풀어 있었다. 올해 겨울은 빨리 지나가겠다고. 그런데 북반구에서 월드컵 경기가 한창이던 6월에 칠레에는 물난리가 났다. 칠레는 강수량이 적어 안데스산에서 흘러 내려오는 빙하와 눈 녹은 물을 상수

세종기지 주변에 있는 세 개의 연못 중 가운데 기다란 연못이 '스쿠아 목욕탕'이다. ⓒ정호성

원으로 활용한다. 평소에 비가 적게 내려 배수 시스템이 잘 갖춰져 있지 않은 데다 예년보다 많이 내린 비에 칠레 곳곳이 물에 잠겼다. 결국 세종기지에서 수신되는 방송은 월드컵 경기가 아니라 칠레 국영방송국에서 전하는 물난리 재난방송뿐이었다. 세종기지 월동대원들이 맞은 기후변화의 비극이었다.

세종기지에 비가 자주 내리면서 군데군데 남아있던 눈이 모두 녹아내렸다. 지면은 초록색으로 선명했다. 바다 쪽에서 세종기지를 마주 보고 오른쪽으로 10여 미터쯤 걸어가면 도둑갈매기(스쿠아)가 쉬고 있는 연못이 나온다. '스쿠아 목욕탕'이라 불리는 곳이다. 도둑갈매기는 몸집이 닭보다 조금 작은 새다. 남극에는 갈색도둑갈매기와 남극도둑갈매기 두 종이 서식한다. 도둑갈매기 떼가 연못에서 세차게 날개를 퍼

6

1~2 배수가 잘되는 기질에서 크게 자란 남극좀새풀(1)과 낫깃털이끼(*Sanionia*)로 된 이끼 카펫 위에 자라는 남극좀새풀(2). 낫깃털이끼는 잎이 곱슬곱슬하고 성겨 수분을 적절하게 함유하고 있어 남극좀새풀의 뿌리가 썩지 않고 잘 자라게 해준다. 낫깃털이끼가 있는 곳에서 발아한 남극좀새풀의 싹은 생존확률이 높다(Torres-Mellado et al., 2011).

3 흰색을 띠는 남극좀새풀의 뿌리가 낫깃털이끼의 가근 뭉치를 비집고 자라고 있는 게 보인다.

4 방형구 사진. 현장에서는 사진을 찍고 기지로 돌아와 분석한다. 방형구 안에 낫깃털이끼와 남극좀새풀이 함께 자라고 있는 걸 확인할 수 있다.

5 남극좀새풀 군락 방형구 조사를 진행하는 모습. 네모난 방형구 안에 남극좀새풀이 얼마나 많이, 넓게 자라고 있는지 조사한다.

6 세종기지 주변의 연못에서 도둑갈매기(스쿠아)들이 목욕하고 있다. 연못 주변에서 쉬고 있는 도둑갈매기들도 있다. 사진 아래쪽 가운데 부분에 자라는 연녹색 식물이 남극좀새풀이다.

바톤반도의 동남쪽 해안지대에는 꽤 오래전부터 남극좀새풀이 넓게 자라고 있었다.

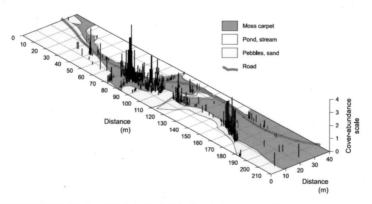

남극좀새풀의 분포와 피도. 2002년 1월 발견된 세종기지 옆 연못 주변에서 자라던 남극좀새풀은 이듬해 4배로 증가하였다(김과 정, 2004).

덕이며 분주하게 목욕하는 광경은 남극 사람들에게 하나의 구경거리다. 연못 주변에는 물을 좋아하는 이끼들이 많이 자라고 있다. 그 사이로 한눈에도 이끼와는 구별되는 초본식물이 연못 가장자리부터 넓게 퍼져 있는 게 보였다. 당시 월동대장이셨던 정호성 박사님은 이 풀을 '남극 잔디'라고 불렀다.

나는 대학원에서 해조류를 전공했지만 정 박사님과 같은 팀에서 남극 육상 식생 연구를 막 시작하던 차였다. 나중에 논문을 쓰면서 이 풀의 진짜 이름을 알게 되었다. 우리의 '남극 잔디'는 벼나 잔디와 같이 외떡잎식물 벼과에 속하는 식물이다. 잔디와 비슷하게 생겼지만 지면을 포복하는 잔디와 달리, 땅속줄기가 없어 포기로 모여 자란다. 진짜 이름은 남극좀새풀(*Deschampsia antarctica*). 귀하디귀한 남극 고유의 꽃 피는 식물 두 종 중 하나다. 우리나라 제주도에는 남극 종과 같은 속인 좀새풀(*D. antarctica*)이 자생한다. 벼과 식물의 꽃은 매우 수수하다.

정 박사님은 세종기지가 지어진 1988년 1차 월동대원이셨다. 이후 하계 연구원과 월동대장으로 여러 차례 세종기지에서 연구활동을 한 경험이 있다. 그런데 기지 주변에서 남극좀새풀을 본 것은 2002년 1월이 처음이라고 했다. 바톤반도의 남동쪽 해안지대에는 꽤 오래전부터 남극좀새풀이 자라고 있었던 것으로 보고되었다(Lindsay, 1971). 바톤반도의 오래된 남극좀새풀 주군락은 세종기지에서 펭귄마을을 지나 포터 소만과 마주하고 있는 해안가에 위치하고 있다. 포터 소만 건너편 아르헨티나의 깔리니기지가 있는 포터반도에서 처음 남극좀새풀이 관찰된 기록은 1820년이다(Sherratt, 1821). 바톤반도 동쪽은 바톤반도에

서 가장 먼저 빙하가 후퇴하여 육지가 드러난 곳이다. 따라서 육상식물이 가장 빨리 정착했을 것으로 보인다.

그런데 2002년부터 갑자기 세종기지 근처에 남극좀새풀이 퍼졌던 이유는 무엇일까? 이 수수께끼의 실마리는 남극의 비, 그리고 목욕을 좋아하는 도둑갈매기가 쥐고 있다. 킹조지섬은 최근 30년 동안 약 1℃씩 기온이 상승했다. 남극반도의 서부와 북부 지역은 지난 1951년부터 2000년 사이의 50년간 10년마다 0.56℃ 씩, 가장 큰 폭으로 상승했다 (Turner and Overland, 2009). 남극에서 식생이 비교적 풍부하고 현화식물이 자랄 수 있는 이 지역의 기온 상승은 남극 육상생태계에 변화를 가져올 수 있어 의미가 크다. 작은 폭의 기온 상승일지라도 얼음상태이던 물이 녹게 된다면 육상생물, 특히 식물의 생장과 생식에 크게 영향을 미칠 수 있다.

남극 장보고기지로 향하던 쇄빙연구선 아라온호가 지나간 흔적

　남극에서의 잦은 비는 여름철 기온 상승을 의미한다. 연못 가장자리
에 줄지어 자라난 남극좀새풀들은 도둑갈매기의 몸에 묻었던 종자나
식물체 조각이 연못가로 밀려와 싹을 틔운 것으로 보인다. 또한 여름철
기온 상승은 종자를 잘 여물게 해 생존율을 높여준다. 땅속에 있던 종자
들에게는 발아의 기회가 된다. 세종기지 주변의 여름철 기온 상승으로
땅속 온도가 올라감으로써 식물들의 생장 기간이 좀 더 길어진 것이 갑
작스런 남극좀새풀 군락을 만들었던 것으로 보인다. 세종기지 앞 남극
좀새풀 군락 면적은 이듬해 4배로 넓어졌다(김과 정, 2004). 킹조지섬
을 비롯한 남극반도의 기온 상승은 이 현화식물의 생육지와 군락의 크
기를 확장시키고 있다(Torres-Mellado et al., 2011).

남극개미자리 꽃을 찾아서

남극에서 자라고 있는 꽃 피는 식물, 즉 현화식물은 앞에서 소개한 남극좀새풀과 여기서 소개할 남극개미자리(*Colobanthus quietensis*) 두 종뿐이다. 이들은 남극의 고유 현화식물로 대접받으며 국내외 과학자들에게 다양한 연구의 대상이 되고 있다. 저온 적응 연구와 관련 유전자, 단백질 연구, 자외선 스트레스 내성과 관련 색소, 기후변화와 연관된 남극 육상생태계 연구 등이 진행되고 있다. 그런데 사실 남극좀새풀은 안데스산맥과 멕시코에서도 자라고 있으며, 남극개미자리는 칠레 중부와 아르헨티나 부근까지 자라고 있다.

이들 두 종을 남극 고유종으로 인식한 이유에 대해서는 두 가지 가설이 있다. 많은 학자가 다른 남극 육상생물과 마찬가지로 곤드와나 대륙 시절에 남극대륙과 남아메리카 대륙에 퍼져있던 이 두 종의 식물이 남극대륙과 함께 고립된 것으로 추정한다. 남극이 빙상에 덮인 동안 '피난처'에서 살아남았다가 해양성 남극 지역(남극반도와 주변의 섬들)에 퍼졌을 것으로 본다. 또 하나는 남아메리카 대륙과 남극반도 지역을 갈라놓은 드레이크해협이 완전히 형성되기 이전에 이주했다는 견해다. 신생대 올리고세와 플라이오세 사이에 남아메리카 대륙에서 해양성 남극 지역으로 이주하여 빙하기에 살아남아 남극 환경에 적응했을 것이라고 본다(Parnikoza et al., 2007). 어떤 가설이 맞든지 두 종은 적어도 지난 3,000만년~500만년 전부터 남극에 적응한 고유종이다. 남극 지

1 남극개미자리 군락을 조사하러 가고 있다. 어깨에 멘 삽 모양 손잡이가 달린 물건은 토양의 수분 함량을 측정하는 장비(TDR)다.
2 마리안 소만이 보이는 남극개미자리 군락에서 방형구 조사 중이다. 이곳의 우점종은 남극개미자리가 아니라 송라속(*Usnea*)의 종들이다.

1 남극개미자리가 지의류들과 함께 자라고 있다. 사진에서 초록색은 모두 남극개미자리다. 처음엔 꽃이 없어 비슷하게 생긴 이끼들과 혼동되었다.

2 곧은솔이끼(*Polytrichum strictum*). 남극개미자리 조사를 처음 하던 해 잎이 비슷하게 생긴 곧은솔이끼와 자주 혼동되었다.

3 남극개미자리 꽃이 피기 전 꽃봉오리가 맺혀있는 모습. 남극개미자리 꽃을 본 적이 없던 때에는 봉오리 끝 하얀 부분이 꽃일 거라고 잘못 알았다.

4 남극개미자리 군락에서 조사를 하는 필자

5 꽃이 활짝 핀 남극개미자리. 꽃 사진을 많이 찍지 않아 똑같은 사진을 여기저기 발표 자료와 잡지에 많이도 썼다. 채집은 필요 이상하면 안 되지만 사진은 무조건 많이 찍어 두어야 한다는 걸 알았다.

6 꽃이 핀 지 오래되어 색이 변한 남극개미자리. 잎은 거의 안 보이고 꽃봉오리만 모여 있는 모습에서 시들기 전의 예쁜 모습을 그려보았다.

5

6

역과 남아메리카 대륙을 오가는 도둑갈매기나 남방큰재갈매기가 옮겨 온 다른 현화식물들도 있었지만 이들은 남극에 적응하지 못하고 사라 졌다(Lewis Smith, 2003).

세종기지 주변에서 처음 발견한 남극개미자리 군락은 마리안 소만 쪽으로 돌아가면 보이는 언덕의 약간 경사진 곳이다. 당시 남극송라를 비롯한 지의류와 약간의 이끼들도 섞여 자라고 있었다. 남극개미자리 는 남극좀새풀에 비해 건조한 곳을 좋아하는 석죽과의 쌍떡잎식물이 다. 수명은 35~40년으로 남극의 해양성 지역에서 약 5~10cm까지 반 구형(쿠션모양)으로 자란다. 뿌리는 곧은 뿌리인 원뿌리와 여기서 뻗 어 나온 곁뿌리로 이루어져 있다. 잎은 건조와 추위에 잘 견딜 수 있도 록 두껍고 짧으며 조밀하게 난다. 2002년부터 매년 여름 남극좀새풀 군락과 함께 남극개미자리 군락의 변화를 조사했지만, 꽃을 제대로 관 찰할 기회는 좀처럼 주어지지 않았다. 조사 지역에서 자 라는 남극개미자리도 꽃을 피우긴 했지만, 환경 탓 인지 잘 보이지 않을 정도로 크기가 작았다.

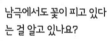

남극에서도 꽃이 피고 있다 는 걸 알고 있나요?

2007년 1월, 남극 관련 다큐멘터리를 제작하 는 국내 방송팀과 함께 세종기지에 들어가 조사 활동을 하던 때였다. 어느 날 조사를 마치고 기지에 돌아와 쉬고 있던 중, 남극개미자리 꽃밭을 발견했다는 소식이 전해졌다. 바톤반도를 샅샅이 뒤지며 영상을 찍 고 다니던 다큐 제작팀이 찾아냈던 것이다. 이미 갈아 입은 현장조사용 옷들을 다시 챙겨 입고 잰걸음으로 다큐 제작팀을 따라 나섰다. 남극개미자리 군락 변화를 조사하는 지점에서 그리 멀지 않았지만, 바다 쪽으로 제법 경사가 급하게 꺾여 있어 일부러 내려가지 않으면 눈에 띄지 않는 곳이었다.

남극개미자리 꽃은 2~3mm 크기로 다섯 갈래의 화피에 둘러싸여 꽃잎과 꽃받침이 따로 없고 꽃 중앙에 우상으로 분지한 암술과 4~6개의 수술이 있다. 새하얀 종 모양이라 해야 할까 나팔 모양이라고 해야 할까. 우리가 흔히 꽃이라고 생각하는 그런 모양에 가까웠다. 꽃이 피지 않고 포자로 번식하는 이끼나 지의류들만 보다가 활짝 핀 흰 꽃봉오리를 봉긋 품고 있는 남극개미자리를 만나니 마냥 신기하기만 했다. 또한 남극개미자리는 남극지역에서는 꽃가루가 성숙할 때 또는 씨앗이 여물 때까지 화피에 싸여 있으며 냉해를 피하기 위해 꽃이 닫힌 채로 자가수분 한다. 씨방은 5개의 방으로 나뉘고 그 안에 15~40개의 밑씨가 들어 있다. 성숙하면 2~3mm 크기 콩팥모양의 갈색 삭과가 된다. 그렇게 추운 남극에서 에너지를 모아 열매를 맺기엔 힘겨운 탓일까? 약 3년에 한 번씩 결실을 한다. 씨앗이 발아하려면 2년 이상의 휴면기간이 필요하다(Convey 1996; Grobe et al., 1997; Gieɬwanowska et al., 2011).

남극개미자리 꽃을 실컷 구경하고 나니 남극에서 보물을 발견한 느낌이 들었다. 남극 청빙(blue Ice) 지대에서 운석을 찾고, 남극의 오래된 지층에서 고대 화석을 발견하고, 꽁꽁 얼어있는 호수를 깨고 본 적 없는 새로운 생물을 발견하고⋯⋯. 그 순간 과학자들이 느끼는 감동이 이런 것일 터다. 남극개미자리 꽃과 생식에 대해서는 세상에 알려진 지 오래되었다(Corner, 1971). 하지만 처음 접하는 사람에게는 신종이며 새로운 발견이다. 작지만 새로운 것을 알아가는 이 기쁨이 나에게 주어진 일들을 지속하게 하는 동력이 된다.

넌 누구니?

펭귄마을 주변을 거닐다보면 이끼도 아닌 것이 지의류는 더더욱 아닌, 초록색의 식물체가 넓게 덮여있는 것을 볼 수 있다. 가까이 가보면 우리나라 바닷가에서 흔히 볼 수 있는 녹조류 파래처럼 생겼다. 그런데 유독 펭귄이 번식하고 있는 곳 근처에서 진한 초록색으로 사방을 온통 덮고 있는 것이 인상적이다.

이 식물의 이름은 프라시올라로 민물파래과에 속한다. 새의 배설물에서 공급되는 질소 성분을 좋아해서 펭귄 번식지 가까이에는 언제나 프라시올라가 넓게 자리한다. 펭귄 이외의 새들 둥지 주변에는 적은 생물량이라도 꼭 이 민물파래가 있다. 동남극의 더 혹독한 환경에서도 이 조류는 잘 자란다. 프라시올라는 여름철 밤낮으로 반복되는 동결과 해동, 긴 겨울 기간 동안의 동결 상태, 그리고 여름철 높은 강도의 자외선을 견디며 남북극의 추운 지역에서 자란다. 프라시올라를 동결로부터 지켜주는 물질은 아미노산의 일종인 프롤린(proline)이다. 자외선을 흡수해주는 아미노산은 좀 더 복잡한 이름인 마이코스포린 유사 아미노산(mycosporine-like amino acid)이다(Moniz et al., 2012).

펭귄 번식지 바로 옆에서는 프라시올라를 제외한 이끼나 지의류, 현화식물 들이 잘 자라지 못한다. 펭귄 배설물의 진한 요산 성분 때문이다. 하지만 펭귄 배설물에 포함된 질소 성분은 생육에 필수요소이다 보니 생물들마다 펭귄 번식지와 적절한 거리를 두고 번성한다(Smykla et

펭귄마을 가까이에 짙은 초록색으로 분포하는
프라시올라(*Prasiola*). 사진의 아래쪽 바위에 하얗게 낙서된 것처럼
보이는 것은 펭귄의 배설물이다.

1 민물파래 프라시올라(*Prasiola*)가 자갈로 만든 펭귄 둥지 바로 옆 돌들을 초록으로 덮어가고 있다.

2 남극대륙 케이프 벅스(Cape Burks)의 아델리펭귄 번식지 아래로 펼쳐진 녹색 눈이 프라시올라다. 사진의 맨 위에 보이는 펭귄 번식지에서 배설물이 눈 녹은 물에 씻겨 내려가 풍부한 질소비료를 공급해주었기 때문에 가능한 일이었을 것이다.

3 낫깃털이끼 카펫 위를 덮은 프라시올라. 바닷가에서 흔히 볼 수 있는 파래와 흡사하다.

4 펭귄마을 주변의 물이 흐르는 곳에 서식하는 가는 실 모양의 프라시올라 크리스파 (*Prasiola crispa*)

5 장보고기지 주변에서 발견한 빙하민물파래(*Prasiola glacialis*). 이끼와 지의류 등과 섞여 자라고 있다.

6 해부 현미경으로 건조한 시료를 관찰하니 띠 모양을 한 빙하민물파래를 볼 수 있었다.

7 바톤 반도의 명소 '촛대바위'가 보이는 펭귄마을. 주변은 온통 프라시올라로 덮여있다.

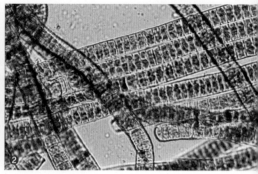

1~2 빙하민물파래의 엽상을 현미경으로 관찰하면 세포배열 형태를 볼 수 있다(1). 실 모양의 형태도 관찰된다(2).

al., 2007). 특히 조류 번식지 주변에서 자주 관찰되는 지의류를 호조분 성지의류(Ornithocoprophilous lichen)라 한다.

다시 프라시올라 이야기를 해보자. 민물파래라는 이름이 말해주듯 생김새는 파래와 비슷하다. 그런데 프라시올라는 변신의 귀재다. 한 종의 형태가 같은 장소에서도 세 가지로 나타난다. 어떤 것은 정말 파래처럼 엽상인 것도 있고, 아주 가느다랗고 섬세한 한 가닥으로 이루어진 실 모양(Hormidium stage)인 것도 있다. 이 실 모양들이 또 다른 리본 모양(Schizogonium stage)을 만들기도 한다(Moniz et al., 2012). 이미 연구된 문헌을 보며 현미경으로 잘 관찰하여 비교해보지 않으면 같은 종인지 다른 종인지 식별하기 힘들다. 한번은 장보고기지 근처 돌 주변에서 발견한 녹색 덩어리가 처음에는 프라시올라인지 알아보지 못했다. 실험실로 가져와 물에 풀어보고 나서야 프라시올라라는 걸 확인했다. 남극에서 보고된 프라시올라속은 3종이다. 남극에서 가장 많이 보고되고 있는 종은 프라시올라 크리스파(*Prasiola crispa*)이다. 그래서

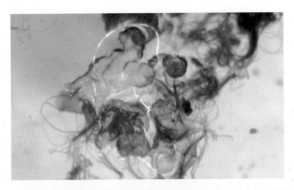

건조한 시료를 물에 풀어보니 엽상과 실 모양, 띠 모양이 모두 관찰된다.

어디든 식생조사에서 프라시올라가 나오면 그냥 프라시올라 크리스파라고 한다.

　장보고기지 주변에서 올해 초 채집한 프라시올라를 자세히 관찰한 결과, 미국 맥머도기지가 위치한 동남극 남빅토리아랜드의 로스섬과 드라이밸리(Dry Valley) 빙하 근처에서 채집된 적이 있는 종과 같았다. 빙하민물파래(*Prasiola glacialis*)라는 이 종은 2012년 형태와 유전자 분석을 통해 신종으로 보고된 것이다(Moniz et al., 2012). 빙하민물파래가 북빅토리아랜드의 장보고기지 주변에서 발견되었다는 학계 보고는 아직 진행하지 못한 상태다. 장보고기지에서 새롭게 보고되고 나면 종의 분포 기록은 더 넓은 지역까지 포함하게 된다. 연구자들은 자신이 연구하는 지역의 생물들을 꼼꼼히 관찰하고 기록하여 한 생물의 지리학적인 분포를 완성하는 데 기여한다. 신종 보고는 더없이 중요하지만 이미 알려진 종이 예전에 알려지지 않았던 곳에서 생육한다는 정보도 매우 중요하다. 이렇게 해서 한 종의 생물지리 정보가 축적되는 것이다.

반갑지 않은 손님, 새포아풀

남극대륙을 감싸면서 도는 남극순환류는 이웃 대륙으로부터의 생물 유입을 막았다. 어쩌다 큰 바람이나 대륙 사이를 자유롭게 오가는 철새들의 등에 업혀 남극으로 들어온 생물들도 있었다. 하지만 이들이 남극 육상생태계의 일원으로 받아들여지기 위해서는 오롯이 스스로의 힘으로 장애물들을 뛰어넘어야 한다. 남극대륙의 지리적 장벽을 넘어선 '외래종'들이 남극 환경에 정착하여 개체수를 늘리기에는 만만치 않은 도전들이 첩첩산중이다. 남극의 특수한 온도나 수분 같은 비생물적 장벽을 뚫고 살아남더라도 번식이라는 생물적 장벽 등 여러 단계의 장벽을 돌파해야 한다(Hellmann et al., 2008). 이러한 장벽들을 넘는 데는 수백 년 혹은 그보다 훨씬 긴 수만 년이 걸릴지도 모른다. 나머지 대부분은 남극대륙에 발을 디디자마자 죽을 것이고 도중에 사라져 버릴 것이다.

그러나 이러한 장벽들을 뛰어넘을 수 있는 능력과 욕망을 가진 생물이 있다면 그건 다른 이야기가 된다. 지리적 장벽, 극심한 추위라는 온도의 장벽을 가장 짧은 기간에 극복한 종은 아마도 축적된 문명을 사용할 수 있는 인간일 것이다. 1800년대 북극지방 모피와 고래 기름 생산지에서 물개와 고래 등 원료가 고갈되었을 때 일이다. 상선들이 남쪽으로 뱃머리를 돌렸다. 이들은 여러 차례의 시도 끝에 남극순환류(남극수렴선) 장벽을 뚫고 얼음 바다를 통과해 남극대륙에 발을 디뎠다. 그리

세종기지에 날아 들어온 참새. 남극에 들어오는 배를 타고 왔을지, 아니면 큰 바람에 실려왔을지도 모른다. ⓒ정상준

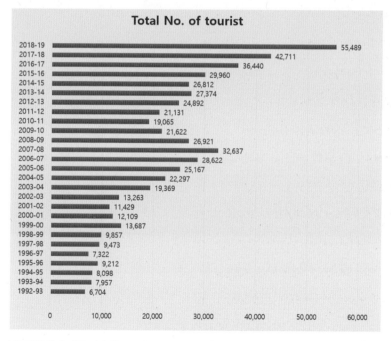

남극관광객 추이를 나타내는 그래프. 국제남극관광운영자협의회(IAATO)가 웹페이지(https://iaato.org)를 통해 제공하는 자료를 받아 작성했다.

©김상희

폴란드의 남극 과학기지 악토스키 기지 앞에서 자라고
있는 새포아풀을 막대기로 표시해 두었다.

고 얼어붙은 동토에서 살아남는 데 성공했다.

생물은, 특히 인간과 같이 복잡한 생물은 한 개체의 몸에도 여러 생태계가 공존한다. 가령 피부 미생물 생태계, 장내 미생물 생태계, 모발 또는 깃털 생태계 등을 품고 알게 모르게 다양한 생물들을 키우고 있다. 비단 인간의 몸뿐만이 아니다. 음식이나 의류, 집, 물건, 기호품, 애완생물 등에 살고 있는 무수한 생물들도 있을 것이다. 이렇게 인간과 함께 무수한 생명체들이 쉽게 장벽을 통과해 남극으로 들어간다.

매우 다행스러운 일은 이들은 대부분 인간이라는 환경을 벗어나서는 남극에서 살아남기 어렵다는 것이다. 그러나 근래 들어 남극 환경, 특히 서남극 쪽 환경이 예전 같지 않다. 이 지역은 지난 50년간 뚜렷하게 기온 상승 현상이 일어나 외래 생물이 정착하기에 쉬워진 데다 인간의 활동 증가가 외래종의 유입과 정착 가능성을 높이고 있다. 2019년 초 통계에 따르면, 다양한 목적으로 남극을 방문한 사람은 거의 10만 명에 이른다. 그 가운데 약 5만 5,000명이 여행객이고 이들을 지원하는 인력이 3만여 명이라고 한다(IAATO, https://iaato.org).

우리나라 골프장에서 골칫거리로 유명한 풀이 있다고 한다. 새포아풀(*Poa annua*)이다. 새포아풀은 남극좀새풀과 생김새가 비슷하며 똑같이 벼과에 속한다. 이 식물은 유럽 원산으로 거의 전 세계에 퍼져있고, 온대 지방에서는 작물에 피해를 주는 잡초로 취급받는다. 이 새포아풀이 남극에서도 골칫거리다. 세종기지가 있는 킹조지섬의 이야기다.

킹조지섬 중간쯤 쏙 들어간 어드미럴티만(Admiralty Bay)에 위치한 폴란드 악토스키(Arctoski)기지 주변에 새포아풀이 넓게 퍼져있다. 새포아풀은 2000년대 초반까지만 해도 남극반도의 주변 섬들과 반도 서

남극조약환경보호위원회(CEP, Committee for Environmental Protection)에서 발간한 『외래종 매뉴얼』. 매년 업데이트해 웹사이트(www.ats.aq)에 제공하고 있다.

쪽 여러 곳에서 자라고 있었다. 그런데 그 주변에서 기지를 운영하는 국가들이 남극연구프로그램을 진행하면서 2010년 이전에 모두 제거했다. 뿐만 아니라 남아있을 수 있는 종자들이 혹여 싹을 틔우지나 않을까 주기적으로 조사하고 있다(Hughes et al., 2015). 이런 와중에 남극에 아직까지 새포아풀이 유일하게 남아있는, 그것도 넓게 서식하고 있는 곳이 폴란드 기지 주변이다. 남극과학위원회(SCAR)는 이미 1990년대에 이 식물이 남극 생태계에 해로운 영향을 미칠 수 있으니 조속히 제거할 것을 폴란드 기지에 권고했다. 이들은 제거하지 않은 채 모니터링과 여러 가지 연구를 수행해왔다(Hughes et al., 2015).

새포아풀이 남극에 어떻게 들어왔을까? 새포아풀은 기지 운영이나 연구활동을 위해 기지를 오가는 사람들 몸 또는 짐에 묻어서 우연히 들

폴란드 기지 앞 튼실한 새포아풀 주변에서 가냘픈 잎을 가진 남극좀새풀이 자라고 있다.
©김상희

어온 것으로 추정된다. 1985/1986년 여름철에 처음 폴란드 기지 건물 앞에서 발견되었고, 1991/1992년 시즌에는 갑자기 넓게 퍼졌다고 한 다(Chwedorzewska, 2008). 이들의 유전자를 분석해보니 유럽에서 들 어온 개체군과 칠레와 아르헨티나에서 들어온 개체군들이 뒤섞여 있었 다. 외래종은 발견 즉시 제거하는 것이 정착을 막는 가장 빠르고 쉬운 방법이다. 처음 발견했을 당시에 뽑아버렸으면 쉽게 제거할 수 있었을 텐데, 연구를 위해 남겨둔 것이 화근이었다. 심지어 2008/2009년에는 폴란드 기지에서 약 1.5km 떨어진 남극특별보호구역(ASPA) 128번으 로 지정된 곳에서 새포아풀 군락(70포기/100m²)이 발견되었다. 이후 폴란드는 2015년 초가 되어서야 남극특별보호구역에서 새포아풀 제 거 작업을 시작했다(Galera et al., 2017). 매년 열리는 남극조약협의당

새포아풀이 남극에 어떻게 들어왔을까?
새포아풀은 기지 운영이나 연구활동을 위해
기지를 오가는 사람들 몸 또는 짐에 묻어서
우연히 들어온 것으로 추정된다.

사국회의(ATCM)에서 폴란드는 제거 결과와 남아있는 군락에 대한 향후 계획을 발표하고 있다(ATCM, 2018). 완전히 제거하려면 긴 시간과 많은 비용이 들어갈 것이다.

이 초대받지 않은 손님, 외래종 새포아풀은 그냥 남극의 빈 땅을 차지하기만 한 것이 아니다. 새포아풀이 남극 고유종인 남극좀새풀이나 남극개미자리와 함께 섞여 자라면 이들의 광합성 효율이 상당히 떨어진다. 그 결과 생물량도 약 4분의 1에서 3분의 1까지 줄어든다는 보고가 있다(Molina-Montenegro et al., 2012). 외래종이 경쟁에서 남극 고유종을 이길 수 있다는 의미다. 고유 생태계에 악영향을 미치는 외래종을 침입종이라 한다. 새포아풀은 침입종의 단계까지 와 있는 것이다.

남극 연구를 수행하는 과학자들은 이러한 외래종의 문제점을 끊임없이 제기해왔다. 신뢰할 수 있는 남극 연구를 지속하기 위해서는 외래종 유입에 미리 대비해야 하며, 국제적 공동 대응이 필요하다는 점을 강조하고 있다. 남극 연구자들의 모임인 남극과학위원회(SCAR)와 각국 기지 운영자들이 활동하는 국가남극운영자위원회(COMNAP)는 『외래종 매뉴얼』을 개발해 모든 남극 활동자와 운영자가 활용하도록 배포하고 있다. 한번 유입된 외래종은 퇴치가 매우 어렵고, 경우에 따라서는 완전 제거가 불가능할 수 있기 때문이다. 가치 있는 것들을 파괴하는 일은 쉽다. 하지만 지키는 일은 매우 어렵고도 긴 시간을 요한다.

똑똑한 방해꾼 스쿠아

겨울에, 그러니까 남극의 여름에 현장 자료를 얻기 위해 세종기지에 가면 우리를 반겨주는 귀여운? 동물이 있다. 펭귄이 아니라 스쿠아라고 불리는 도둑갈매기다. 펭귄이 남극의 대표 동물이라지만 그들은 펭귄 마을에 살면서 쉬거나 털갈이를 하러 이따금 기지 앞에 몇 마리씩 올 뿐이다. 그런데 도둑갈매기는 기지 주변에 여기저기 둥지를 짓고 살면서 기지에서 나오는 음식물쓰레기를 호시탐탐 노리며 주위를 배회한다. 연구원들 중에는 도둑갈매기를 매우 무서워하거나 거친 울음소리 때문에 싫어하는 동료들도 있다. 이들의 공격성은 「남극생물학자의 연구노트」 시리즈 제1편인 『사소하지만 중요한 남극동물의 사생활』에서 김정훈 박사가 실감나게 이야기해주고 있다.

세종기지 옆 연못 근처에서 남극좀새풀 조사를 하고 있자면 은근슬쩍 끼어드는 녀석들이 있다. 연못에 쉬러 오는 도둑갈매기들은 대부분 둥지를 지킬 필요가 없는 비번식 개체들이라 전혀 사납지 않다. 그리고 다행히 현장조사 당시에는 근처에 둥지 흔적은 있더라도 알이 있거나 새끼를 키우고 있는 둥지는 없었다. 그렇게 식생조사를 하며 익숙해져서 그런지 남극에 갈 때마다 만나는 도둑갈매기가 오히려 친근하게 느껴진다. 생명이 귀한 오지여서일지도 모르겠다. 하지만 힘차게 날아오르고 거칠고 우렁차게 울어재끼는 도둑갈매기는 분명 매력적인 새다. 더군다나 남극의 더 깊숙한 곳에 있는 장보고기지(남위 74°)에서 만나면 가족이라도 되는 양 반갑다.

2005년에도 어김없이 남극좀새풀이 세종기지 주변에 얼마나 많이 퍼졌는지 현장조사에 나섰다. 우선 미리 표시해 둔 빨간 말뚝을 기준으로 가로세로 10m의 대형 방형구를 줄자로 둘러쳤다. 현장에 가지고 나가기 쉽고 이리저리 옮겨 다니며 하는 조사여서 방형구를 치는 재료는 줄자가 제격이다. 여기에 솜씨 좋은 월동대원이 만들어준 사방 50cm로 된 스테인리스 방형구를 놓고 그 안에 들어오는 식물이나 돌멩이, 모래, 흙에 대해 모두 기록한다. 사방 10m나 되는 면적을 모두 조사하려면 50cm짜리 방형구를 200번 옮겨야 한다.

작은 방형구를 옮겨가며 남극좀새풀이 몇 칸에서 나오고(빈도), 각 칸에서 얼마의 넓이를 차지하는지(피도), 이끼들은 어떤 종이 얼마나 있는지 등을 야장에 적어가며 정신없이 조사에 빠져든다. 어느새 도둑갈매기들이 슬금슬금 다가와 줄자를 잡아당겨 반듯했던 사각형을 사다

1 이끼 밭에 만들어놓은 도둑갈매기 둥지. 둥지는 새끼나 알이 없이 비어 있다.
2 둥지에서 새끼를 보호하고 있는 남극도둑갈매기. 사나운 부리를 보면 사진 밖으로 경고하는 울음소리가 들리는 듯하다. ©김정훈

1 극지연구소는 2005년 과학교사와 예술인(화가, 사진작가)을 대상으로 남극체험 프로그램을 시작했다. 당시 과학교사 두 명이 선발되었고, 영광스럽게도 지도교수 자격으로 고등학교 과학교사인 이경 선생님과 함께 조사할 수 있었다.

2 말뚝에 걸쳐놓은 줄자를 잡아당기고 있는 도둑갈매기. 나중에는 여러 마리가 달려들어 급기야 말뚝에서 줄자를 빼버렸다. 남극의 자외선에 색이 바래 빨강색이었던 말뚝이 하얗게 변했다.

3 심심했는지 도둑갈매기들이 조사에 사용하려고 모아 둔 드라이버 통을 넘어뜨리고 내용물을 꺼내 놓았다.

4 장보고기지와 독일의 곤드와나 하계 기지 사이에는 수십 쌍의 남극도둑갈매기가 번식한다. 남극도둑갈매기 새끼가 숨은 듯 돌아앉은 뒷모습이 앙증맞다. 기지 주변에는 육상 현화식물은 전혀 없고 지의류나 이끼도 풍부하지 않아 남극도둑갈매기들은 큰 돌이 가려주는 곳에 알을 낳는다. ⓒ김현태

5 우연히 채집용 삽을 물고 달아나는 도둑갈매기가 영상에 담겼다. 다행히 멀리 날아가지는 않아 곧 되찾을 수 있었다. ⓒ임완호

6 아시아극지과학포럼(AFoPs)을 통해 세종기지에서 공동연구를 하게 된 일본 극지연구소(NIPR) 소속 우치다 마사키(Uchida Masaki) 박사. 그는 우리나라 북극 다산기지가 있는 스발바르 제도의 일본 기지에서 주로 연구를 진행했고 남극은 2006년 세종기지 방문이 처음이었다. 나중에 도둑갈매기가 가져갈 운명인 비디오카메라로 열심히 촬영하고 있다. 영상도 도둑갈매기와 함께 날아가 버렸다.

7 조사 도중 갑자기 눈이 내렸지만, 열심히 시료를 채취하고 있는 우치다 박사. 저 멀리 바위에 앉아있는 도둑갈매기가 지켜보고 있는 듯하다.

1 2013년 1월 장보고기지가 한창 건설 중이던 때 가끔 혹독한 눈보라가 몰아쳤다. 꿋꿋하게 눈보라를 견디는 남극도둑갈매기(South polar skua)가 대견하면서도 안쓰럽다. 세종기지 주변에 살고 있는 남극도둑갈매기에 비해 깃털 색깔이 밝다. ⓒ김현태

2 장보고기지 주변에서 먹이를 나누고 있는 남극도둑갈매기 부부. 아직 바다도 얼어있고 먹이 구하기가 녹록지 않은 때라 짠하게 다가왔다. ⓒ김현태

리꼴로 만들어놓곤 한다. 줄자를 고정하기 위해 꽂아놓은 드라이버도 뽑아버리고 식물채집을 위해 가져다놓은 작은 삽도 물고 날아간다. 조사는 그만하고 같이 놀자고 소매를 끌어당기는 친구처럼. 김정훈 박사는 이런 행동을 둥지나 새끼를 지키기 위해 사람의 주의를 다른 데로 돌리는 것이라고 설명한다. 하지만 그곳엔 둥지가 없으니 아마도 호기심 많은 녀석들의 성격 탓인가 보다. 실제로 도둑갈매기는 지능이 매우 높다고 알려졌다. 이 똑똑한 녀석의 뜻대로 조사 도구들을 찾으러 한참 쫓아다니며, '나 잡아봐라~' 놀이를 좀 해줬더니 더 이상 방해하지 않는다. 남극의 여름 햇살 따스한 나른한 오후에 도둑갈매기들도 심심해서 장난기가 발동했었나 보다.

이 정도 귀여운 장난은 그래도 괜찮다. 2006년 일본의 이끼 연구자와 이끼의 분해 과정에 관여하는 곰팡이와 미생물을 연구하는 연구자와 함께 현장조사를 할 때의 일이다. 두 사람은 아시아극지과학포럼(AFoPS)의 공동연구 프로그램으로 세종기지를 방문한 것이다. 남극이 처음인 이들은 모든 생물에 관심을 보였고 작은 이끼와 지의류의 오묘함에 반하여 푹 빠져 사진도 찍고 채집도 했다. 우치다 마사키(Uchida Masaki) 박사가 이끼에 바짝 다가가 접사 촬영을 하고 있었다. 그런데 옆에 내려놓은 비디오카메라를 도둑갈매기 한 마리가 다가와 냅다 물고 날아가 버린 것이다. 주변을 샅샅이 뒤졌지만 끝내 찾지 못했다. 도둑갈매기가 멀리서 온 손님에게 이름에 어울리는 짓을 해 자신을 알렸다. 아마도 우치다 박사는 도둑갈매기라는 새를 평생 잊지 못할 것이다.

제4부

남극 어벤져스가 되는
길은 멀고 험하도다

펭귄이 반겨줄 거라 기대했는데...

새로운 곳에 갈 계획이 잡히면 나는 언제나 설렘과 낯선 곳에 대한 부담감이 뒤섞인 어정쩡한 기분으로 심란해진다. 그러나 모두 입을 모아 아주 특별하다고 말하는 멋진 곳에 간다면 그건 설렘 그 자체일 것이다. 2002년 1월, 나는 머리끝까지 차 있는 설렘을 온몸으로 느끼며 칠레의 남단 푼타아레나스(Punta Arenas, 모래곶)에 서 있었다. 그리고 곧 남극 킹조지섬으로 향하는 군용비행기에 올라탔다. 당시 우리나라의 유일한 남극 과학기지였던 세종기지에 가기 위해서였다.

대부분의 사람들이 극지연구소는 잘 몰라도 세종기지는 초등학생까지 알 만큼 유명하다. 내가 그 존재를 안 것은 세종기지가 세워지고 난 뒤 거의 10년이 되어가던 1997년이었다. 대학원 박사과정 시절 경기도 안산에 있던 한국해양연구소(지금은 부산으로 이전한 한국해양과학기술원의 전신)에서 잠시 일할 기회가 있었다. 그곳에서 남극 연구를 하는 박사들을 만났던 계기로 남극기지의 존재를 알게 되었다.

오래된 옛날이야기다. 지금은 비교적 다양한 기종의 민간 비행기가 푼타아레나스에서 남극으로 들어간다. 내가 처음 남극에 들어갈 때만 해도 민간 경비행기와 칠레 공군이 운영하는 록히드마틴사의 군용비행기(C-130 Hercules)가 고작이었다. 세종기지에 들어갈 때는 주로 민간기보다는 칠레와 협력하여 공군기를 탔다. 요즘은 그 비행기들이 노후

2018년 세종기지의 모습. 지붕에 KOPRI라고 적혀있는 건물은
2층으로 된 하계연구동으로 2017년 완공되었다.

먼 길 돌아돌아,
드디어 남극이군-!

1~2 뉴질랜드 크라이스트처치 공항 인근에 위치한 국제남극센터에서 관광객들을 위해 운영하고 있는 허글랜드 설상차. 흰색 차량에는 누군가 태극기와 극지연구소 로고를 붙여놓았다. 눈이 없는 곳에서 다시는 타고 싶지 않았지만, 2014년 장보고기지 건설 기념으로 선발한 장보고주니어를 인솔할 때 주니어들과 다시 타게 되었다. ⓒ정현주

3~4 칠레 공군기 C-130 허큘리스와 칠레 프레이기지의 자갈 활주로. 이제 비행기는 그만 타고 싶단 생각을 하게 한 비행이었다.

5~6 왼쪽은 내가 2006년 세종기지에 들어갈 당시 칠레 기지 공항에 마중 나온 승합차이고, 오른쪽은 러시아 벨링스하우젠기지 앞 바닷가에 대기하고 있는 고무보트를 타기 위해 원피스형 구명복을 입고 있는 모습이다.

7 2000년대 초반의 세종기지

8 세종기지 주변 송라로 덮인 언덕은 거무스름한 초록 양탄자를 깔아놓은 것 같다.

9 남극 킹조지섬의 필데스반도 언저리. 깎아지른 절벽은 빙하가 만들어낸 지형인 피오르드(Fjord)다. ⓒ김정훈

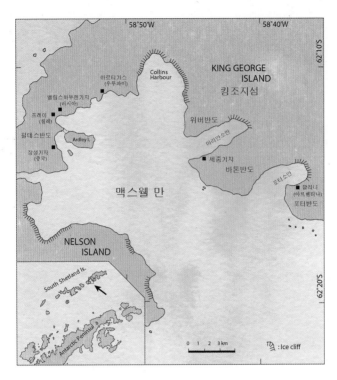

킹조지섬의 필데스반도에 위치한 칠레 프레이기지와 러시아 벨링스하우젠기지의 위치. 세종기지는 맥스웰만 건너편 바톤반도에 홀로 자리하고 있으며, 조금 더 동쪽으로 가면 포터반도에 아르헨티나 깔리니기지가 있다. 남극의 맨해튼이라 불리는 킹조지섬에는 8개국 8개의 월동 기지가 자리 잡고 있다. 지도에 보이지 않는 나머지 기지 둘은 조금 더 북동쪽으로 돌아가면 어드미럴티만 주변에 위치한다.

해 안전상의 이유로 민간기를 빌려 이용한다.

꿀렁거리는 헝겊으로 만들어진 비행기 좌석에 동료들과 다닥다닥 붙어 앉았다. 그리고 몇 년을 타도 좀처럼 익숙해지지 않는 그 안전띠를 찾아 겨우 채웠다. 이내 귀가 떨어져 나갈 것 같은 굉음을 내며 공군기가 출발했다. 네 시간 정도를 날아 칠레 공군이 운영하는 남극 프레이기지의 자갈로 포장된 활주로에 내려앉았다. 남극조약에 따라 남극에서 군사활동은 금지되어 있다. 연구활동과 같은 각국의 남극 프로그램 운영을 지원하는 군대만 주둔이 허용된다. 남극에 가까운 남아메리카 국가들은 효율성 때문인지 대부분 군인들이 기지를 운영한다. 칠레와 아르헨티나는 남극의 영유권을 주장하는 7개 국가에 속하는데 그런 내막 때문이기도 하다.

처음 접하는 남극이라는 곳은, 황량 그 자체였다. 사실 세종기지는 남극대륙에 있다고 할 수 없지만, 국제법상으로 남위 60° 이남이라 남극권에 속한다. 어, 이게 아닌데……. 나도 모르게 내심 새하얀 빙산과 신사복을 입은 펭귄 떼가 환영해줄 걸로 기대했었나 보다. 비행기에서 바라본 남극의 언저리는 그냥 벌거벗은 흑갈색의 사막과 같았다. 빙하 비슷한 것이라곤 군데군데 녹다 남은 잔설이 전부였다.

우리는 자국 연구원들을 마중 나온 우루과이 기지의 설상차를 얻어 탈 수 있었다. 자갈길을 지나 러시아 벨링스하우젠기지가 있는 바닷가에 도착했다. 처음 타본 설상차는 엄청나게 시끄럽고 불편했다. 창밖을 보려 했지만 창문이 작아서 잘 보이지도 않았다. 게다가 울퉁불퉁한 자갈길을 달리는 무한궤도 바퀴 때문에 너무 흔들려서 어디든 붙잡고 버티지만 머리가 천장에 부딪치기 일쑤다. 나는 이미 한 번 부딪쳐본 뒤라 벽에 붙어있는 손잡이를 양손으로 부여잡고 버티는 법을 터득했다. 설상차는 이름 그대로 눈 위를 달려야 하는 법이거늘……. 남극대륙으로 들어가는 데 거치는 관문도시 중 하나인 뉴질랜드 크라이스트처치에 가면 남극센터라는 곳에서 내가 탔던 허글랜드 설상차를 타볼 수 있다.

천신만고 끝에 도착한 곳은 세종기지가 아닌 러시아 벨링스하우젠기지였다. 남극의 많은 지명과 기지들 이름이 대부분 그렇지만 벨

1~2 송라속(*Usnea*)의 일종인 아우란티아코-아트라송라(*Usnea aurantiaco-atra*) (1)와 남극송라(*Usnea antarctica*)

링스하우젠은 1819년 러시아의 짜르 알렉산더 1세가 남극에 파견한 탐험대 지휘관의 성이다. 이에 보답하는 듯 타데우스 벨링스하우젠 (Thaddeus Bellinghausen)은 1820년 남극반도 인근에서 거대한 섬을 발견하고 알렉산더라는 이름을 붙였다고 한다(Cantrill and Poole, 2012). 벨링스하우젠기지는 프레이기지가 위치한 필데스반도에 있다. 맥스웰 만 건너편 바톤반도에 있는 세종기지에 가기에 딱 좋은 위치다. 게다가 신라면과 소주를 좋아하는 러시아 대원들과의 친분 면에서도 그곳은 적절한 기착지였다.

연구소는 2006년부터 남극에 보급한 ㅎ사의 승합차를 벨링스하우젠기지에 보관하고 있다가 연구원들이 오면 공항에 마중 나오는 데 썼다. 이제 고무보트만 타면 드디어 세종기지에 도착한다. 여러 가지 사정으로 2008년부터 남극대륙으로 연구 터전을 옮기기 전까지 매년 반복되는 여정이었다. 그때는 남극의 첫인상이 생경하고 다소 실망스러웠지만 지금은 그 세종기지 시절이 그립다. 남극대륙의 메마른 바람이 부는 장보고기지에 비하면, 세종기지의 바람은 촉촉하고 온화했다. 그래서인지 조금 민감한 내 피부에 부담이 덜했다.

세종기지에 도착한 나는 친절한 월동대원들이 빨간 트럭으로 내 여행 가방을 가져다주는 동안 온통 빨간색 직사각형의 건물 주변을 둘러보았다. 건물 바로 뒤에는 빙하가 실어온 크고 작은 돌덩이 아래에 한 줌씩 토양이 숨어 있었다. 한 줌의 흙도 낭비하지 않으려는 듯 주변과 대비를 이루는 예쁜 연초록색 이끼들이 옹기종기 모여 있었다. 바로 옆 한 무더기의 풍화되지 않은 거친 돌 표면에는 한국에서 말로만 듣던 우스네아가 행여 강한 남극 바람에 뽑힐세라 단단하게 부착기를 내어 버티고 있었다. 우스네아는 우리 이름으로 '송라'라고 하는 지의류의 속명이다. 세종기지가 운영되기 시작하면서부터 여러 사람들이 그렇게 부르고 있다.

세종기지 주변에는 두 종류의 송라가 산다. 그중 한 종은 종소명으로 남극이라는 이름, '안탁티카(antarctica)'를 꿰찼다. 재미있는 것은 이 '남극송라'는 남극 고유종이 아니다. 스웨덴의 식물학자 두 리에츠(Du Rietz)가 1926년에 이 종을 최초로 보고할 때 남극에서 처음 채집하여 antarctica라는 이름을 붙이게 되었다. 칠레 등 남아메리카 남부와 고산지대에서도 살고 있다. 이와 달리 남극의 고유종 중에는 종소명으로 '안탁티카'라는 이름을 가진 종이 많다. 눈을 들어 기지 뒤편의 크고 작은 언덕들을 둘러보니 남극송라로 덮인 언덕이 마치 거무스름한 초록양탄자를 깔아놓은 것 같다. 흠~ 대부분 남극송라 군락이군. 식생조사 금방 끝나겠는 걸. 곧 알게 되었지만 경험해보지 않은 자의 속단이었다.

남극이끼, 강인함에 반하다

우리나라 최초의 쇄빙연구선 아라온호가 첫 항해를 위해 남극으로 향하던 날, 감격스럽게도 나는 거기에 타고 있었다. 남극대륙에 우리나라 두 번째 연구기지인 장보고기지를 건설하기 위해 적당한 건설지를 찾는 조사가 아라온호의 첫 항해와 함께 이루어졌다.

검은 남극해, 망망대해라는 게 이런 거구나. 갑판에 나가보니 사방에는 섬 하나, 배 한 척 없이 드넓은 바다에 비하면 조각배 같은 아라온호만이 뒤뚱뒤뚱 꼴랑꼴랑 앞으로 나아가고 있었다. 남극 바다를 덮고 있는 건 아직 얼음이 아닌 회색 구름이었다. 이 바다는 어떤 생명들을 품고 있을까? 이런저런 생각을 하면서 출렁이는 파도를 보니 바로 속이 울렁거린다. 이후 나는 며칠이 지나도록 선실에 틀어박혀 있어야 했다. 뱃멀미 때문이다. 아라온호 첫 항해에 승선한 것에 대한 감사하는 마음도 완전히 사라졌다.

우리 아라온호는 얼음을 깨기 위해 날렵하고 좁게 만들어져 파도가 조금만 있어도 좌우로 많이 흔들린다. 남극대륙을 감싸면서 도는 남극 수렴선이 험하기도 하지만 멀미 대장인 나는 아라온호를 타면 으레 출항 전에 멀미약을 먹는다. 일주일 정도 먹다 보면 배는 얼음바다를 만날 테고 그러면 멀미약을 먹지 않아도 괜찮아진다. 아라온호가 뉴질랜드 크라이스트처치에서 장보고기지로 가는 데 해빙(海氷) 상태에 따라 조금 달라질 수 있지만, 통상 남극 여름에 7~8일 정도 거리다.

사진 아래쪽에 독일 지질연구소가 사용하는
곤드와나캠프가 있다. 멀리 멜버른 화산이 보이고 곤드와나캠프가
있는 뫼비우스 곶(Cape Möbius)과 작은 만을 사이에 두고 건너편에
뾰족한 곳이 장보고기지가 들어서게 된 장소다.

1 눈은 그쳤지만 잔뜩 흐린 날씨에 독일의 곤드와나캠프 앞에서 내려 맞은편 조사지로 조심 조심 이동하는 선발대. 당시에는 눈 아래 해안선이 어디인지 알 수 없어 안전요원 박하동 선생이 앞서 길을 내고 그 발자국을 따라갔다.

2 선발대를 태울 준비를 하고 있는 아라온호 헬리덱의 헬리콥터

3 큰 돌들 사이가 눈으로 덮여 푹푹 빠졌다. 오랜만에 육지를 밟아 힘들지만 즐겁다.
ⓒ박하동

4 출근용 헬리콥터에서 바라본 아라온호. 케이프 벅스 조사 때와는 달리 이번엔 아라온호에서 자면서 세수도 매일 할 수 있었다. 해빙이 가위로 오려놓은 종잇조각 같다.

5 이곳은 암반지대라 안심하고 나란히 걷는다. 야심차게 준비한 빗자루도 챙겨서. ⓒ노태호

6 장보고기지 주변에서 자주 발견되는 침꼬마이끼과(Pottiaceae)의 신트리치아 마젤라니카 (*Syntrichia magellanica*). 칠레의 남단부터 남극대륙까지 자라고 있는 강인한 이끼. 연회색의 엽상 지의류(*Physcia dubia*)가 이끼 위에 착생한다.

7~8 서로 다른 종처럼 보이지만 신트리치아 마젤라니카는 주로 갈색인 개체들이 많으며 녹색일 때도 있다. 잎 끝에 있는 흰색으로 보이는 털 모양의 구조가 특징적이다.

9 돌들 사이에 녹색의 은이끼(*Bryum argenteum*)가 자라고 있다.

남극의 모래흙에 기다랗게 가근을 내리고 있는 신트리치아 마젤라니카와 은이끼

러시아의 루스카야기지가 있는 케이프 벅스(Cape Burks) 지역을 조사한 뒤, 현재 장보고기지가 자리하고 있는 테라노바만(Terra Nova Bay)을 향했다. 새로운 땅이라는 뜻의 테라노바는 영국의 로버트 스콧(Robert F. Scott)이 남극점 탐험을 위한 항해에 사용한 배의 이름이다. 테라노바만에 도착했을 때는 케이프 벅스 조사 때와는 달리 날씨가 좋지 않았다. 선실 밖에는 눈보라가 치고 있었고 조사 일정이 빠듯한 우리는 바람이 잦아들기만을 고대하고 있었다. 드디어 눈바람이 물러가고 있었다. 헬리덱에서는 우리를 육지에 데려다줄 헬리콥터가 준비를 마쳤고, 나는 가장 먼저 조사지에 상륙하게 될 선발대로 헬리콥터에 올라탔다.

제한된 시간에 조사를 마쳐야 하는 환경영향평가 팀은 급한 마음에 쌓인 눈이라도 쓸면서 조사할 요량으로 빗자루까지 챙겼다. 사방이 온통 하얗게 덮여있는 현장에서 다섯 명의 선발대는 지도를 보며 간간히 드러난 바위를 향해 걸음을 옮겼다. 빗자루는 써볼 엄두도 못 냈다. 과연 이곳에도 식물이 있을까? 다행히 눈이 그쳤다. 무전으로 후발대의 착륙지점, 향후 장보고기지가 들어설 지점의 위경도 값을 아라온호에 알렸다.

5분 후 쌓인 눈을 날리며 후발대가 요란하게 착륙했다. 이제 본격적으로 내가 맡은 임무인 환경영향평가를 위한 육상식생조사에 착수했다. 첫

풀 한 포기 발견하기 위해서 모진 눈발을 뚫고 탐사에 성공한 남극 어벤져스!

날은 쌓인 눈 위로 살짝 얼굴을 내밀고 있는 바위들만 조사할 수 있었기에 딱 두 종의 지의류만 관찰할 수 있었다. 이렇게 눈으로 완전히 덮여있는 기간이 상당할 텐데…… 여기에 녹색식물이 있을 리 없다는 생각이 들었다. 미리 조사한 자료에서도 이 주변에 이끼는 없고 지의류만 22종 있는 것으로 되어 있었다(Kantor, 1993).

테라노바만 지역 조사에는 아라온호가 든든하게 옆에 있어주었고 매일 헬리콥터로 현장에 출근하는 호사를 누렸다. 다행히 날이 개고 눈도 조금 녹았다. 헬리콥터에서 내리니 눈에 반사되는 햇빛 때문에 눈이 엄청 부셨다. 그런데 저쪽에서 안전을 담당한 박하동 선생이 나를 반갑게 부른다. 그의 손에 채집용 비닐봉투가 들려 있었다. 기상관측탑(AWS)을 설치한 곳 주변에 이끼들이 있단다.

남극 제2기지 후보지 중의 하나였던 린지섬에서 기상탑을 설치하고 있다.

바위 아래 눈도 채 녹지 않고 거친 모래흙조차 가난하게 쌓여 있는 곳에 녹색과 흑갈색의 이끼가 어엿이 자라고 있었다. 애니메이션「월E」에서 본 폐허가 된 지구에서 찾은 풀 한 포기에 비할 수는 없겠지만, 자연이 숨겨둔 작은 보물을 하나 찾은 것 같았다. 남극의 이끼, 정말 너는 강인하구나. 이 작은 생명의 꿋꿋함에 아라온호에서 멀미하며 약해졌던 의지와 사라졌던 감사의 마음이 되살아났다. 남극 현장은 나를 키우는 대지와 같다. 생텍쥐페리의 이야기처럼 대지는 우리 자신에 대해 세상의 모든 책들보다 더 많은 것을 가르쳐준다.

남극은 백야...
시간은 우리 맘대로

서남극에는 우리나라 첫 남극 연구기지인 빨간 세종기지가 있고, 동남극에는 두 번째 기지인 파란 지붕의 장보고기지가 있다. '장보고'라는 기지 이름을 얻기 전에는 '남극대륙기지' 또는 '남극 제2기지'라는 다소 무미건조한 명칭을 사용했다. 앞에서 언급했다시피 장보고기지가 지금의 자리, 그러니까 동남극 로스해 테라노바만 연안에 세워지기까지는 험난한 탐색의 과정을 거쳤다. 남극의 어디에 기지를 지어야 우리의 과학적 목적에 맞고 기지 건설과 운영이 가능하고 안전할지 찾아내야 했다.

> 남극의 여름은 밤에도 환하기 때문에 선글라스를 쓸 때가 많아요.

나는 2008년부터 '남극대륙 기지 건설단'의 일원이 되었다. 남극에서 기지를 지을 때 꼭 필요한 '포괄적 환경영향평가' 업무를 맡아 기지 건설 후보 지역들의 조사에 참여했다. 남극대륙에 경험이 있는 나라로부터 조언을 얻는 한편, 자체적으로 위성자료 분석을 수행했다. 육지가 드러나 있고 남극의 여름철에 쇄빙선이 접근 가능할 정도로 해빙(海氷)이 줄어드는 곳을 골라 기초 조사를 진행했다. 당시 우리 쇄빙연구선 아라온호는 부산에서 건조중이었다. 두 팀으로 나누어 러시아와

남극 제2기지 건설 후보지는 당초 다섯 곳에서 좁혀져 2010년 초 정밀조사는 유력 후보지였던 B(케이프 벅스)와 현재 장보고기지가 위치한 동남극 테라노바만 연안 지역에서 수행되었다.

호주의 쇄빙연구선을 얻어 타고 잠깐의 시간을 얻어 조사하는 형편이어서 자세한 조사는 어려웠다.

2009년 12월, 드디어 우리나라 최초의 쇄빙연구선 아라온호가 남극을 향해 출항했다. 남극해에서 진짜 해빙을 뚫어보는 시험 항해와 장보고기지 건설 후보지 정밀조사라는 막중한 임무를 수행하기 위해서다.

아라온호가 첫 번째 조사지인 기지 유력 후보지 서남극 마리버드랜

1 2010년 1월 11일 남극 제2기지 후보지 정밀조사단 22명이 뉴질랜드 크라이스트처치에서 남극 첫 항해를 나설 아라온호에 승선하고 있다.

2~3 뉴질랜드 리틀톤 항에 정박 중인 아라온호. 후갑판에서 거친 남극해 통과를 대비해 현장조사에 쉼터로 사용할 이글루 모양의 돔을 단단히 묶어놓고 있다(2). 2010년 1월 12일 드디어 남극을 향해 출항하고 있는 아라온호의 헬리콥터용 갑판에서 조사단원들이 항구를 바라보고 있다(3).

드의 케이프 벅스(Cape Burks)에 정밀조사팀을 내려준 날은 2010년 1월 23일이었다. 아라온호는 쇄빙시험을 하러 해빙을 찾아 떠났다. 그해에는 남극해에 해빙이 많지 않아 아라온호는 쇄빙시험을 할 적당한 얼음판을 찾아 나서야 했다. 덕분에 조사단은 일주일 동안 아라온호의 지원 없이 계획한 일들을 모두 마쳐야 했다. 하늘이 도와 조사 기간 내내 눈보라는 간데없고 맑은 날들이 이어졌다.

남위 75°쯤에 위치한 케이프 벅스에는 밤낮 없이 자외선 가득한 따가운 햇볕이 쏟아졌다. 완전한 백야다. 찬 공기와 날카로운 햇볕은 우리들 피부를 꽤나 괴롭혔다. 하늘은 하루 종일 밝지만 우린 종일 일할 수 없으니 밤을 정해야 한다. 조사팀은 아라온호와 시간을 맞춰 생활했다. 아라온호는 리틀톤 항을 출항할 때부터 뉴질랜드 시간을 그대로 사용하고 있었다. 첫 날부터 바쁜 조사 일정을 마치고 대충 저녁을 때운 후 고단한 몸을 침낭 속에 끼워 넣었다. 언제 잠이 들었을까, 지붕 위에서 망치질 소리가 요란하게 들린다. 아파트도 아니고 층간소음이 있을 리가 없는데……. 모두 잠에서 깨어나 웅성거렸다.

집주인, 러시아 연구선 아카데믹 페도로프호(Akademik Fedorov)에서 기지 점검과 보수를 위해 내린 러시아 사람들이었다. 러시아는 우리 조사단에게 기지를 조사 캠프로 활용할 수 있도록 호의를 베풀어주었지만, 아무도 생각하지 못한 문제가 생겼던 것이다. 러시아는 보스톡기지를 포함하여 남극대륙을 둘러 곳곳에 기지가 10개나 있었다. 그러다 보니 연구선을 이용해 기지들에 보급을 하면서 경도에 맞춰 시간대를 바꿔가며 생활하고 있었다. 그날은 마침 우리는 밤 시간이었고, 아카데믹 페도로프호는 한참 낮 시간이었던 것이다. 누구도 예상치 못한, 남극

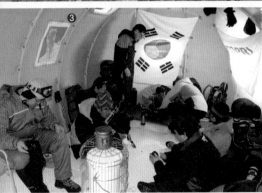

1 평평한 해빙에 올라온 작은 아델리펭귄을 보려고 선실에서 모두 구경 나왔다.

2 주변 환경 조사를 위해 앞장서 가는 조사팀을 따라 다큐팀이 뒤따라가고 있다.

3 조사를 하다가 이글루로 들어와 잠시 휴식을 취하는 중이다.

4 러시아 내빙선 아카데믹 페도로프호. 남극의 얼음 바다가 처음인 아라온호를 도와주고, 러시아의 루스카야(Russkaya)기지가 있는 케이프 벅스 정밀조사에 대해 협의하기 위해 아라온호와 만났다. 아라온호보다 세 배는 크다. 2008년 예비 후보지 조사를 위해 아카데믹 페도로프호에 한 달 이상 승선한 적이 있어 더욱 반가웠다.

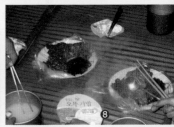

5 러시아의 루스카야기지는 1980년 3월에 운영을 시작하여 1990년 3월에 운영을 중단했다. 2010년 우리가 케이프 벅스 정밀조사를 수행할 때 러시아는 기지 운영을 재개하기 위한 준비를 시작했다. 현재는 하계 기지로 운영되고 있다.

6 러시아어로 '소비에트연방(CCCP) 루스카야'라고 적힌 현판.

7 밤이지만 대낮 같이 밝은 루스카야기지의 옛 대장실에서 침낭 안에 들어가 잠을 청하는 조사단원들. 마치 누에고치 같다.

8 조리에 필요한 물과 연료를 가장 적게 쓰려고 이미 조리된 음식만 가져갔다. 데우는 물은 눈을 녹여 사용했다.

9 현장조사에서 쉼터로 사용한 플라스틱 이글루 앞에 있는 파란색 통은 분변을 분리해 모아 아라온호로 반출할 통이다.

10~11 임시로 만든 남녀 구분 화장실. 화장실 안에는 휴대용 변기와 분변이 닿으면 응고되는 물질이 들어있는 일회용 봉투가 있다.

1~2 케이프 벅스에서 가장 우점하는 식생은 단연 지의류다. 그중에서도 송라속(*Usnea*)에 속하는 검은색 수염 모양 검은송라(*Usena spacelata*)가 남극대륙 해안 지역에 우점하는 지의류다.

케이프 벅스의 위성사진. 사진에서 중앙 아래쪽에 러시아 루스카야기지가 위치하고 있고, 우리 기지 후보지로 조사한 지역은 더 바깥쪽 넓은 지역이다.

에서나 있을 수 있는 일이었다.

다행히 러시아팀은 그날 하루에 일을 마치고 배로 돌아갔다. 하마터면 몇날 며칠을 잠도 못 자고 조사만 할 뻔했다. 그러고 보니 2008년 예비조사를 위해 아카데믹 페도로프호를 타고 러시아 연구원들과 함께 항해하던 때가 생각난다. 그때도 남극대륙 주변을 거의 일주하다시피 했는데, 기준 시간이 자주 바뀌어 정신이 없었다. 2008년 1월 27일에는 날짜 경계선을 넘어 다시 1월 27일이 되었다. 마침 그날이 생일이었던 러시아 친구는 두 번의 생일을 맞았다. 참고로 장보고기지는 서머타임을 적용한 뉴질랜드 시간에 맞춰 우리나라보다 4시간 빠르다. 세종기지는 칠레 시간을 쓰고 있어 12시간 느리다.

가혹한 남극대륙의 바람

　오늘도 나는 바람 맞았다. 남극대륙에서 불어오는 바람과 자외선이 가시처럼 섞여있는 햇살에 노출되면, 내 얼굴은 붉게 부풀어 오른다. 얼굴에서 열이 나고 가렵기 시작한다. 월동 의사선생님 말씀이 동창이란다. 밤새 가렵다. 이 증상은 귀국해서도 여러 날 가렵다가 병원에 가서 치료를 받고나야 끝난다. 남극 장보고기지 건설사업에 참여하게 된 이후 2010년부터 비슷한 증상이 있었다. 그리 심하지 않아서 무시하고 지냈는데 2017년부터는 매년 반복되었다.

　남극대륙의 중심에서 해안 방향으로 불어오는 바람을 대륙풍 또는 카타바틱 바람(katabatic wind)이라고 한다. 세종기지에서도 강한 눈폭풍(블리자드)을 만나지만 남극대륙에서 부는 바람은 더 차고 더 건조하게 느껴진다. 남극대륙의 바람은 비단 외지에서 들어온 우리들에게만 가혹한 것은 아니다. 대륙에 살고 있는 생물들도 바람을 맞지 않으려고 애쓰며 살아간다. 남극점에 가까운 곳인 남위 84~86°의 남극종단산맥 노출지에서 자라는 지의류도 차디찬 대륙의 바람은 일단 피하고 보는 것 같다.

　장보고기지의 유력 후보지로 거론되었던 케이프 벅스는 바람이 강한 곳이다. 강풍이 부는 날이 가장 적은 여름철(12월~2월)에도 매월 10일 이상 강풍이 분다(러시아 극지연구소 자료). 2010년 기지 건설 후보지 조사단이 케이프 벅스에 머물렀던 일주일은 거의 기적처럼 바

눈으로 만든 이글루 같은 루스카야기지의 발전동 내부.

조금씩 들어온 눈이 내부를 가득 채웠다.

람이 불지 않았다. 조사단의 휴식처로 설치했던 초록색 이글루(149쪽)
는 이듬해 흔적도 없이 날아가 버렸다는 러시아 극지연구소의 연락을
받았었다.

2008년에는 러시아 연구선 아카데믹 페도로프호를 타고 방문했을
때 루스카야기지의 시설 내부가 눈으로 가득 차 있었다. 1990년 당시
마지막으로 철수할 때 눈이 들어오지 않도록 마감을 했다지만 강풍과
함께 들어온 눈을 어쩔 수 없었던 것이다. 같은 해 러시아 연구팀과 함
께 조금 더 내륙으로 들어가 빙원으로 둘러싸인 모세산(Mt. Moses)이
보이는 메이쉬 누나탁(Maish Nunatak)을 방문했다. 마치 수묵화를 보
는 듯했다. 흰색과 검은색의 계조로 무표정하게 굳어 있었다. 이곳이 진
정한 남극대륙이구나……. 하얀 빙원에 검은 현무암으로 이루어진 누

서남극 내륙 빙원에 둘러싸인 모세산. 수묵화가 따로 없다.

나탁에는 쉴 새 없이 바람이 불고 있었다. 헬리콥터의 로터가 얼지 않도록 시동을 켜놓은 상태로 우리를 기다렸기에 조사 시간은 20~30분밖에 주어지지 않았다. 놀라운 것은 거기에도 지의류는 살고 있었다. 시간이 더 허락되었다면 이끼도 발견했을지 모르겠다.

케이프 벅스에서는 해양성 남극 지역에 위치한 세종기지 주변에서와는 전혀 다른 식생분포를 경험했다. 노출된 암반에서도 잘 자라는 송라속 지의류가 여기에서는 암반의 동쪽에만 자라거나 오목한 지형에 숨어 자라고 있었다. 또한 세종기지 주변의 종과는 다른 검은송라(*Usnea sphacelata*)가 가장 많으며 가끔 아남극송라(*U. sub-antarctica*)도 나타난다.

눈도 햇볕에 녹아 내린 것이 아니라 바람에 날려 언덕의 한쪽에만 쌓

1~2 송라속 지의류들이 한쪽으로 몰려 있는 모습. 이 작은 녀석들도 남극대륙의 강풍을 일단 피해보자며 자리를 잡았을 것이다.

3 케이프 벅스의 우점종인 검은송라(*Usnea sphacelata*). 모두 강풍과 혹독한 추위를 견디기 위해 낮은 곳이나 가려진 곳에서 자라고 있다.

4 장보고기지 주변에서 발견한 암석. 이 암석이 남극대륙의 강풍을 어떻게 맞으며 견뎌왔는지가 고스란히 무늬로 남아있다.

5 언덕의 한쪽 면은 바람에 눈이 날아가 버렸고, 해가 드는 다른 한쪽은 눈으로 덮여있다.
6 쌓인 눈에 바람이 무늬를 조각해 놓았다.

바람 때문에 눈을 뜰 수가 없지만 오늘의 작업을 합시다.

1 바람과 눈과 나, 그리고 시동 걸린 헬리콥터. 메이쉬 누나탁에서 시료채집 중이다. 고글을 끼지 않으면 눈을 뜨고 있기 어려울 만큼 강한 바람이 불었고 추위는 혹독했다.
2 눈보라 속에서 조사를 수행하는 모습

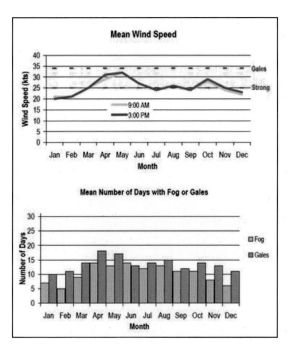

케이프 벅스에 위치한 루스카야기지에서 관측한 기상자료를 러시아 극지연구소(AARI)로부터 제공받았다.

여 있다. 눈은 가볍기라도 하지…… 남극대륙의 돌들을 보면 동그랗거나 길게 패어 있는 무늬가 있다. 어떤 돌은 한 쪽이 움푹 팬 것도 있다. 올해 장보고기지 주변을 조사할 때도 이런 돌을 발견할 수 있었다. 이렇게 움푹 팬 곳에는 바람을 피해 들어온 지의류도 자란다. 세종기지와 장보고기지는 전혀 다른 환경에 세워졌다. 양쪽기지를 오가며 서로 다른 환경에서 다양한 주제의 연구를 할 수 있는 우리 연구자들은 참 복도 많다.

강풍 속 식생조사팀 실종?

남극조약은 자연환경이 뛰어나거나 연구가치가 높은 지역 또는 경관이 멋진 곳, 중요한 화석이 많은 곳 등을 남극특별보호구역(ASPA)으로 지정하여 보호한다. 세종기지에서 2km 떨어진 곳에 펭귄 번식지가 있다. 그곳이 우리나라가 제안하여 2009년에 지정된 남극특별보호구역 171번이다(ATCM XXXII, 2009). 보호구역 이름은 조금 낯선 나레브스키 포인트(Narębski Point). 우리는 그냥 '펭귄마을'이라 부른다. 보호구역의 이름은 남극과학위원회(SCAR)에 공식 등록된 지명만 사용해야 한다. 우리나라가 남극 활동을 시작하기 이전에 등록된 이름을 쓸 수밖에 없는 사정이다.

남극은 평범한 여행지나 관광지가 아니라서 신경써야 할 규칙과 주의사항이 많습니다.

우리는 펭귄마을과 그 주변을 남극특별보호구역으로 지정하기 위해 2007년 1월 남극의 여름 내내 그 지역의 식생분포를 조사했다. 육상식물 생태학 전문가인 강릉원주대 이규송 교수님과 함께 진행했다. 그는 세종기지 방문이 처음이었다. 그는 국내에서 하듯 한번 현장조사를 나가면 저녁때가 되어 기지로 돌아올 때까지 조사에 열중했다. 그렇게 거의 매일 조사한 결실로 펭귄마을의 상세한 식생분포도를 완성할 수 있었다. 조사 기간이 넉넉지 않은 여건에서 이룬 성과였기에 우여곡절도 많았다.

2007년 수행한 조사활동 자료로 작성한 남극특별보호구역(ASPA) 171번 지역의 식생분포도. 펭귄 번식지는 동그라미 안에 들어간다. ASPA 관리계획서는 지정 후 5년마다 개정하여 남극 조약협의당사국 회의에서 승인을 받는데, 2019년에 세 번째 개정 관리계획서가 승인되었고 식생분포도 또한 조금 개정되었다(ATCM XLII, 2019).

지금도 어제 일처럼 생생한 기억이 하나 있다. 이 교수님과 내가 세종기지 주변에서 실종되어 수색의 대상이 될 뻔한 이야기다. 그날은 날씨가 약간 흐리고 바람이 좀 불었지만 야외 조사에는 크게 문제 될 정도는 아니었다. 우리는 기지 통신실에 행선지를 보고하고 무전기를 받아 길을 나섰다. 해안가를 돌며 펭귄마을 주변을 꼼꼼히 조사하고 기록해 나갔다. 세종기지와 펭귄마을은 바톤반도의 거의 정반대편에 있다.

1 하늘에서 본 남극특별보호구역 171번. 가운데 바다 쪽으로 돌출된 곳에 보이는 연분홍색 얼룩이 펭귄 번식지다. ⓒ김현철

2 남극특별보호구역 171번 입구에 있는 표지판. 세종기지 부근에서 해안가를 걷다 이 표지판을 만나게 되면, 자신이 보호구역 출입허가증을 가지고 있는지 생각해보고 없으면 뒤로 돌아가야 한다.

3 흐린 하늘에 빗방울이 하나둘 떨어진다. 멀리 뾰족뾰족 보이는 곳은 펭귄 번식지가 있는 촛대바위다.

4 기지로 복귀하는 김정훈 박사를 만나 잠시 찬바람을 피해 쉬고 있다. "곧 조사 마치고 기지로 복귀할게요."

5 펭귄 번식지 위쪽에서 한참 식생조사에 열중하고 있는 모습. 바톤반도의 지형을 한눈에 알 수 있다.

6 저 멀리 바다 쪽으로 삐죽 기다란 연못이 있는 세종곶이 보인다. 사진에서는 보이지 않지만 세종곶을 돌아가면 빨간색 세종기지가 있다. 무전기의 전파도 이 구릉에 막혀 들어오지 않곤 했다.

7 실종될 뻔한 날 세종기지 국기게양대에서 강풍을 맞고 있는 깃발들. 2007년 1월에 일본의 펭귄 연구자들이 세종기지에서 공동연구를 위해 머물고 있어 일본국기도 게양되어 있다. 이 교수님은 그 상황에 이런 사진을 찍을 여유가 있었나 보다. 여기서 사용한 사진들은 대부분 그가 찍은 것이다.

8 조사 중인 이 교수님(왼쪽)과 조사를 도와주러 나온 월동대원

게다가 바톤반도의 지형은 크게 험하지는 않지만 오르락내리락하는 구릉이 많다. 복잡한 지형 덕분에 약 16km²의 그리 넓지 않은 지역임에도 불구하고 다양한 식생분포를 보인다. 대신 그런 지형 탓에 펭귄마을과 기지 간에 무전이 잘 안 되는 경우가 많았다. 지금은 중간에 안테나를 세워 무전이 그럭저럭 잘 된다고 한다.

긴 다리의 소유자인 이 교수님을 따라 짧은 다리 잰걸음으로 구릉들 사이를 옮겨 다니다 보니 빗방울이 하나둘 떨어지는 게 느껴졌다. 어느새 오후 5시가 다 되어 있었다. 눈을 들어 하늘을 보니 하늘이 변하고 있었다. 먼 산등성이에서부터 구름이 내려오고 바람이 상당히 강해졌다.

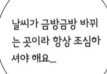

날씨가 금방금방 바뀌는 곳이라 항상 조심하셔야 해요....

마침 펭귄과 도둑갈매기들을 조사하던 김정훈 박사가 기지로 복귀하는 길에 우리를 보고는 우리 쪽으로 다가왔다. 피곤을 느끼던 차에 함께 휴식시간을 가졌다. 잠시 후 그는 기지로 향하고 우리는 남아 조금만 더 조사하기로 했다. 6시면 저녁식사 시간이라 서둘러야 할 것 같았지만, 이 교수님은 아랑곳하지 않고 성큼성큼 걸으며 남극송라와 여러 가지 이끼들이 자라고 있는 지면에서 눈을 떼지 않았다. 나 또한 빨리 조사를 마치겠다는 욕심이 앞서 시간을 잊고 있었다. 어느새 바람이 엄청 강해져 있었다. 능선에 올라서니 날아갈 것 같았다. 이 교수님을 재촉하여 기지로 향하는데 이미 일곱 시가 다 된 시간이다.

서둘러 기지에 들어서니 월동대장님의 무서운

얼굴이 기다리고 있었다. 우리에게 여러 번 무전을 보냈다고 한다. 구릉 아래에 있을 때였는지 내가 가지고 있던 무전기는 조용하기만 했었다. 중간에 안전을 보고하기 위해 몇 번 무전을 시도했으나 연결되지 않아 포기했었다. 또 김정훈 박사가 우리를 보고 지나간 터라 기지에서는 그다지 걱정하지 않을 것이라 여겼다. 우리가 들어가자 저녁식사를 마친 대원들이 팀을 나누어 수색대를 꾸려 막 출동하려던 참이었다고 한다. 월동대원들의 얼굴에는 무사히 돌아와 줘서 고맙다는 얼굴과 중간에 보고도 없이(규정 위반이다), 저녁식사 시간도 지키지 않고(굶어도 싸다) 이제 나타난 우리를 질책하는 얼굴이 섞여 있었다.

남극에서는 안전수칙을 지키지 않으면 자신과 다른 사람들까지 위험에 처하게 할 수 있다. 아무리 연구가 중요해도 안전이 먼저다. 월동 대장님, 대원님들 대단히 죄송합니다. 남극 연구활동 18년차가 되어가지만 그때의 어리석음을 떠올리면 아직도 얼굴이 화끈거린다.

참고문헌

남극도 한때는 더웠다고 합니다

Cantrill DJ and Poole I. 2012. The Vegetation of Antarctica through Geological Time. Cambridge University Press, Cambridge, 480 p. (p. 2)

Longton RE. 1988. *The Biology of polar Bryophytes* and *Lichens*. Cambridge University Press, Cambridge, 391 p.

Østedel DO and Lewis Smith RI. 2001. *Lichens of Antarctica* and *South George. A guide to their identification and ecology*. Cambridge University Press, Cambridge,

Robinson H. 1972. Observation on the origin and taxonomy of the Antarctic moss flora. In: Llano GA (ed), *Antarctic terrestrial biology*. Antarctic Research Series, 20. Washington D. C. American Geophysical Union, pp. 163-177.

Thorn VC and DeConto R. 2006. Antarctic climate at the Eocene/Oligocene boundary-climate model sensitivity to high latitude vegetation type and comparisons with the palaeobotanical record. *Paleogography, Paleoclimatology, Paleoecology*, 231, 134-157.

저마다 자기만의 명당자리를 찾는다

국립수목원. 2015. 지의류 생태도감. 지오북. 서울특별시. 256 p.

IPCC. 1992. Climate Change: The IPCC 1990 and 1992 Assessments. IPCC Fist Assessment Report Overview and Policymaker Summaries and 1992 IPCC Supplement. Canada, 178 pp.

Kim JH, Ahn, I-Y, Lee KS, Chung H, Choi H-G. 2007. Vegetation of Barton Peninsula in the neighbourhood of King Sejong Station (King George Island, Maritime Antarctic). *Polar Biology*, 30, 903-916.

바람에 실려 오고, 새들이 물어 오고

Boy J, Godoy R, Shibistova O, Boy D, McCulloch R, Andrino de la Fuente A, Morales MA, Mikutta R and Guggenberger G. 2016. Successional patterns along soil development gradients formed by glacier retreat in the Maritime Antarctic, King George Island. *Revista Chilena de Historia Natural*, 89:6 DOI 10.1186/s40693-016-0056-8.

Lee WY, Kim H-C, Han Y-D, Hyun C-U, Park S, Jung J-W and Kim J-H. 2017.

Breeding records of kelp gulls in area newly exposed by glacier retreat on King George Island, Antarctica. *Journal of Ethology*, 35, 131-135.

Ochyra R, Lewis Smith RI, and Bednarek-Ochyra, H. 2008. *The Illustrated Moss Flora of Antarctica*. Cambridge University Press, Cambridge 685 p.

Parnikoza I, Rozhok A, Convey P, Veselski M, Esefeld J, Ochyra R, Mustafa O, Braun C, Peter H-U, Smykla J, Kunakh V and Kozeretska I. 2018. Spread of Antarctic vegetation by the kelp gull: comparison of two maritime Antarctic regions. *Polar Biology*, 41, 1143-1155.

Robinson H. 1972. Observation on the origin and taxonomy of the Antarctic moss flora. In: Llano GA (ed), *Antarctic terrestrial biology*. Antarctic Research Series, 20. Washington D. C. American Geophysical Union, pp. 163-177.

동토가 만든 땅 무늬, 구조토

Björck S, Håkansson H, Olsson S, Barnekow L and Janssens J. 1993. Paleoclimatic studies in South Shetland Islands, Antarctica, based on numerous stratigraphic variables in lake sediments. *Journal of Paleolimnology*, 8, 233-272.

Jeong GY. 2006. Radiocarbon ages of sorted circles on King George Island, South Shetland Islands, West Antarctica. *Antarctic Science* 18(2), 265-270.

Hallet B. 2013. Stone circles: form and sOoil kinematics. *Philosophical Transactions of the Royal Society A*, 371:20120357. http://dx.doi.org/10.1098/rsta.2012.0357

Harrison S, Pile S, Thrift N. 2004. *Patterned Ground: Entanglements of Nature and Culture*, Cromwell Press, Trowbridge, Wiltshire, 312 p.

Sletten RS and Hallet B. 2003. Resurfacing time of terrestrial surfaces by the formation and maturation of polygonal patterned ground. *Journal of Geophysical Research* 108 (E4, 8044), doi:10.1029/2002JE001914.

그들이 얼음 땅에서 살 수 있는 이유

Bravo AL and Griffith M. 2005. Characterization of antifreeze activity in Antarctic plants. *Journal of Experimental Botany*, 56, 1189-1196.

Davies PL. 2016. Antarctic moss is home to many epiphytic bacteria that secrete antifreeze proteins. *Environmental microbiology reports*, dio:10.1111/1758-2229.12360.

De Vera J-P, Möhlmann D, Butina F, Lorek A, Wernecke R and Ott S. 2010. Survival potential and photosynthetic activity of lichens under Mars-like conditions: A laboratory study. *Astrobiology*, 10, 215-227.

Green TGA, Sancho LG, Türk R, Seppelt RD and Hogg ID. 2011. High diversity of lichen 84°S, Queen Maud Mountains suggests preglacial survival of species in the Ross Sea region, Antarctica. *Polar Biology* 34, 1211-1220.

Sancho LG, de la Torre R, Horneck G, Ascaso C, de los Rios A, Pintado A, Wierzchos J and Schuster M. 2007. Lichens survice in space: Results from the 2005 LICHENS experiment. *Astrobiology*, https://doi.org/10.1089/ast.2006.0046

이끼가 까맣네

Ochyra R, Lewis Smith RI, and Bednarek-Ochyra, H. 2008. *The Illustrated Moss Flora of Antarctica*. Cambridge University Press, Cambridge 685 p.

이끼의 나이

문교부. 1980. 한국동식물도감. 제24권 식물편(선태류) 790 p.

국립생물자원관. 2014. 선태식물 관찰도감. 지오북, 서울특별시 335 p.

국가생물다양성센터. 2018. 국가생물 종목록. http://www.kbr.go.kr/index.do

Björck S, Malmer N, Hjort C, Sandgren P, Ingolfsson Ó, Wallén B, Lewis Smith RI and Jónsson. 1991. Stratigraphic and paleoclimatic studies of a 5500-year old moss bank on Elephant Island, Antarctica. *Arctic and Alpine Research*, 23, 361-374.

Björck S, Håkansson H, Olsson S, Barnekow L and Janssens J. 1993. Paleoclimatic studies in South Shetland Islands, Antarctica, based on numerous stratigraphic variables in lake sediments. *Journal of Paleolimnology*, 8, 233-272.

Roads E, Longton RE and Convey P. 2014. Millennial timescale regeneration in a moss from Antarctica. *Current Biology*, 24(6) R222.

그래도 난 포자를 만들거야

국립생물다양성센터. 2018. 국가생물 종목록. http://www.kbr.go.kr/index.do

Ochyra R, Lewis Smith RI, and Bednarek-Ochyra, H. 2008. *The Illustrated Moss Flora of Antarctica*. Cambridge University Press, Cambridge 685 p.

미세먼지를 먹는 이끼

Frahm JP and Sabovjevic M. 2007. Feinstaubreduzierung durch Moose, Nees Institut für Biodiversität der Pflanzen: Bonn

Splittgerber V and Saenger. 2015. The CityTree: a vertical plant wall. dio:10.2495/AIR150251

남극의 비와 남극좀새풀의 변성

극지연구소. 2019. 남극 과학기지 운영으로 인한 주변 환경 및 생태계 오염요인 모니터링. 348 p.

조양훈, 김종환, 박수현. 2016. 벼과, 사초과 생태도감, 지오북, 서울특별시

김지희, 정호성. 2004. 남극 세종기지 주변에 새로이 정착한 현화식물 남극좀새풀 (*Deschampsia antarctica*)의 개체군 공간분포. Ocean and Polar Research 26(1), 23-32.

Lindsay DC. 1971. Vegetation of the South Shetland Islands, *British Antarctic Survey Bulletin*, 25, 59-83.

Sherratt R. 1821. Observations on South Shetland. *Imperial Magazine* (*London*), *Col umns* 1214-1218.

Ruhland CT and Day TA. 2001. Size and longevity of seed banks in Antarctica and the influence of ultraviolet-B radiation on survivorship, growth and pigment concentration of *Colobanthus quitensis* seedlings, *Environmental Experiments of Botany*, 45, 143-154.

Torres-Mellado GA, Jana R, and Casanova-Kathy MA. 2011. Antarctic hairgrass expansion in the South Shetland archipelago and Antarctic Peninsula revisited. *Polar Biology*, 34, 1679-1688.

남극개미자리 꽃을 찾아서

Convey P. 1996. Reproduction of Antarctic flowering plants. *Antarctic Science*, 8(2): 127-134.

Corner RWM. 1971. Studies in Colobanthus quitensis (Kunth.) Bartl. and Deschamp sia antarctica Desv. IV. Distribution and Reproductive Performance in the Argentine Islands, British Antarctic Survey Bulletins, 26, 41-50.

Gie ł wanowska I, Bochenek A, Goj ł o E, Góreki R, Kellmann W, Pastorczyk M, Szczuka E. 2011. Biology of generative reproduction of *Colobanthus quitensis* (Kunth) Bartl. from King George Island, South Shetland Islands. *Polish Polar Research*, 32, 139-155.

Grobe CW, Ruhland CT, Day TA. 1997. A new population *Colobanthus quitensis* near Arther Harbor, Antarctica: correlating recruitment with warmer summer temperatures. *Artic and Alpine Research*, 29, 217-221.

Lewis Smith RI. 2003. The enigma of *Colobanthus quitensis* and *Deschampsia antarctica* in Antarctica, In: Huiskes AHL (ed) Leiden, Backhuys Publ., pp. 234-239.

Parnikona IY, Maidanuk DN, and Kozeretska IA. 2007. Are *Deschampsia antarctica* Desv. and *Colobanthus quitensis* (Kunth) Bartl. migratory relicts? Cytology and Genetics, 41, 226-229.

넌 누구니?

Moniz MBJ, Rindi F, Novis PM, Broady PA and Guiry MD. 2012. Molecular phylogeny of Antarctic *Prasiola* (Prasiolales, Trebouxiophyceae) reveals extensive cryptic diversity, *Journal of Phycolgy*, 48, 940-955.

Smykla J, Wo ł ek J and Barcikowski A. 2007. Zonation of vegetation related to penguin rookeries on King George Island, Maritime Antarctic. Arctic, Antarctic, and Alpine Research, 39, 143-151.

반갑지 않은 손님, 새포아풀

Hellmann JJ, Byers JE, Bierwagen BG and Dukes JS. 2008. Five potential consequncees of climate change for invasive species. *Conservation Biology* 22, 534-543.

Hughes KA, Pertierra LR, Molina-Montenegro MA, and Convey P. 2015. Biological invasions in terrestrial Antarctica: what is the current status and can we respond? *Biodiversity Conservation*, 24, 1031-1055.

Molina-Montenegro MA, Carrasco-Urra F, Rodrigo C, Convey P, Valladares F, and Gianoli E. 2012. Occurrence of the Non-native Annual Bluegress on the Antarctic mainland and its negative effects on native plants. *Conservation Biology*, 26, 717-723.

펭귄이 반겨줄 거라 기대했는데...

Bednarek-Ochyra, H, Váňa J, Ochyra R, and Lewis Smith RI. 2000. *The Liverwort Flora of Antarctica*. Polish Academy of Science, Cracow 236 p.
Ochyra R, Lewis Smith RI, and Bednarek-Ochyra, H. 2008. *The Illustrated Moss Flora of Antarctica*. Cambridge University Press, Cambridge 685 p.

남극이끼, 강인함에 반하다

Kantor K. 1993. Environmental impact analysis of the German Gondwana Station, Antarctica, and Mapping substrate, flora and fauna. In: German Antarctic North Victoria Land Expedition 1988/89(GANOVEX V) eds. Damaske, D. & Fritsch, J. Hanover, p. 7-37.

강풍 속 식생조사팀 실종?

ATCM XXXII. 2009. Management Plan for Antarctic Specially Protected Area No. 171. Narębski Ponit, Barton Peninsula, King George Island. Measure 13. Designation of ASPA 171 (Narebski Point), Annex
ATCM XLII. 2019. Revised Management Plan for Antarctic Specially Protected Area No. 171. Narębski Ponit, Barton Peninsula, King George Island. Measure 8.

찾아보기

남극생물학자의 연구노트 03

시소하지만 중요한
남극이 품은
작은 식물 이야기

The Story of Antarctic Plants

초판 1쇄 인쇄 2020년 3월 6일
초판 1쇄 발행 2020년 3월 30일

지은이   김지희

펴낸곳   지오북(**GEO**BOOK)
펴낸이   황영심
편집   전슬기
디자인   김정현

주소   서울특별시 종로구 새문안로5가길 28, 1015호
(적선동 광화문플래티넘)
Tel_02-732-0337 Fax_02-732-9337
eMail_book@geobook.co.kr
www.geobook.co.kr
cafe.naver.com/geobookpub

출판등록번호   제300-2003-211
출판등록일   2003년 11월 27일

ⓒ 극지연구소 2020
지은이와 협의하여 검인은 생략합니다.

ISBN 978-89-94242-68-2 03480

이 도서의 국립중앙도서관 출판예정도서목록(CIP)은 서지정보유통지원시스템 홈페이지
(http://seoji.nl.go.kr)와 국가자료종합목록시스템(http://www.nl.go.kr/kolisnet)에서 이용하
실 수 있습니다.(CIP제어번호: 2019051137)